电机用电工钢

［英］菲利普·贝克利　**著**

裴瑞琳　李淑慧　张延松　**译**

上海交通大学出版社
SHANGHAI JIAO TONG UNIVERSITY PRESS

内容提要

　　本书展示了电工钢发展历程、功能原理、制造工艺、冲片影响分析、应用技术、测量技术和标准制订等,本书也覆盖了成本-质量等实用性问题,介绍了软磁复合材料、非晶硅和微晶材料等。通过阅读本书,电气设计工程师可更好地了解电工钢特性,并在机械设计中更好地运用这些特性。

图书在版编目(CIP)数据

电机用电工钢/(英)菲利普·贝克利著;裴瑞琳,
李淑慧,张延松译.—上海:上海交通大学出版社,
2018
ISBN 978-7-313-18191-6

Ⅰ.①电… Ⅱ.①菲… ②裴… ③李… ④张… Ⅲ.
①电工钢 Ⅳ.①TM275

中国版本图书馆 CIP 数据核字(2017)第 262567 号

Electrical Steels for Rotating Machines
By Philip Beckley

Original English Language Edition published by The IET, Copyright 2002, All Rights Reserved
This simplified Chinese Edition published by Shanghai Jiao Tong University Press, Copyright 2018,
All Rights Reserved
上海市版权局著作权合同登记:图字 09-2013-724 号

电机用电工钢

著　　者:[英]菲利普·贝克利　　　　　　译　　者:裴瑞琳　李淑慧　张延松
出版发行:上海交通大学出版社　　　　　　地　　址:上海市番禺路 951 号
邮政编码:200030　　　　　　　　　　　　电　　话:021-64071208
出 版 人:谈　毅
印　　制:上海盛通时代印刷有限公司　　　经　　销:全国新华书店
开　　本:710 mm×1000 mm　1/16　　　　印　　张:17
字　　数:317 千字
版　　次:2018 年 3 月第 1 版　　　　　　印　　次:2018 年 3 月第 1 次印刷
书　　号:ISBN 978-7-313-18191-6/TM
定　　价:98.00 元

译 者 序

电工钢也称硅钢片(或矽钢片),是产量最大的软磁磁性材料之一,主要用作各种电动机、发电机和变压器的铁芯。它的生产工艺复杂、制造技术严格,国外的生产技术都以专利形式加以保护。当前,电工钢已在中国广泛地使用,国内数家大型钢铁企业已具备量产各种不同厚度和牌号的电工钢产品的能力。然而,系统深入地研究电工钢在电机中应用技术的书籍,国内目前还很缺少,非常荣幸能将英国Philip Beckley 教授的《电机用电工钢》译著带给各位读者。

在本书中,Philip Beckley 教授向读者展示了电工钢发展历程、功能原理、制造工艺、冲片影响分析、应用技术、测量技术和标准制订等。借鉴他个人丰富的商业经验,本书中也覆盖了成本-质量等实用性问题。另外,本书还涵盖了软磁复合材料、非晶硅和微晶材料等。

本书由上海英磁新能源科技有限公司裴瑞琳博士、上海交通大学李淑慧教授和张延松副教授翻译完成,上海交通大学博士研究生汪喆、王洪泽和顾彬协助完成了本书的翻译工作,上海英磁新能源工程师张翔建和陈丽玲负责协助校对和整理文稿。

在翻译本书的过程中,我们力求忠实、准确地反映原著的风格和内容。鉴于译者水平和时间所限,译文中存在的不妥和不足之处,敬请广大读者不吝指正。

前　言

本书的目的在于使电气设计工程师更好地了解电工钢特性以及如何能够在机械设计中更好地运用这些特性。希望电气设计工程师通过了解磁特性、制造方法、物理性质和成本之间的相互影响，能够做出对于机械结构与运作的理性判断。

本书没有尝试去深度钻研物理冶金理论，但已足以清楚地说明事实上发生了什么，而又是哪种可追溯的原因导致了它的发生。

殷切希望通过阅读这本书，电气工程师与材料供应商之间的联系更加富有成效，并使所有人受益。

致　谢

诚挚感谢 COGENT POWER Ltd.（原欧洲电工钢 EES），允许使用其出版物中的大量材料数据、图片及表格。

也要感谢：

英国专利局，图 3.3。

美国专利局，图 3.3。

前英国钢铁研究协会，图 3.6。

学校科学评论（*School Science Review*），1960 年 6 月，图 3.8（c）。

美国材料学会，图 3.10。

Laugton-Warne 电气工程师手册的编者，表 6.1。

沃尔夫森中心，加的夫，第 9 章中图。

英斯特朗公司，图 10.56。

沃尔夫森中心，图 12.2（b）。

英国标准协会，图 14.1 和图 14.2。

还要感谢 David Rodger 和 Faris Al-Naemi，他们在第 9 章中对有限元分析工作的见解。

目　录

第1章 概　论

>>>

远距作用是宇宙中的奥妙之一。万有引力、电场力和磁场力都可以透过真空和各种材质产生作用。

重力是人们日常生活中非常熟悉的一部分，哲学家们花了很长时间才意识到要考虑力的存在。实际上，力对物体的作用经历了一个缓慢的发展过程才以量化的形式出现。

古时通过干燥衣物摩擦产生表面静电荷和火花，人们知道了电场力的存在。自古以来，人们就知道在干燥的天气摩擦琥珀和丝绸可观察到电效应。

在古代，很少观察到磁现象。北极的极光非常有趣，但是几乎没有其他现象使人们联想到磁性。传说在古代土耳其的一个地方（Magnesia），牧羊人发现他们铁制的拐杖会被某些岩石吸引（见图 1.1）。然后这个地区的名字就与这种作用联系到了一起，而"magnetism"这个单词也被收录到词典里。

最终这种现象被利用起来，当用线把这些天然磁石悬挂起来，它们会展现方向性。悬浮的磁体会自己转动

图 1.1　牧羊人体验磁场力的经历

到一个点，指向南北方向。天然磁石逐渐被用作最初的航海指南针（见图 1.2）。观察发现，钢针与天然的磁体摩擦后会被磁化，被磁化的钢针可以更好地作为罗盘组件使用。磁针可以和软木塞联合使用以便于漂浮在水面上，自由的支撑使得磁针的运动更加稳定。

从这样一个简单的现象开始，磁学逐渐发展成了一门科学，伽利略（1564—1642）和吉尔伯特（1544—1603）开展了相关研究。

一般认为天然磁矿石被磁化是受到雷击的影响。雷击过程中，上百万安培的

图 1.2 天然磁石

电流从很小的面积内流入地球。地球上被磁化区域的不断变大和世界范围的雷击表明,磁铁岩保持未被磁化状态的概率是很小的。就像工程师所知道的那样,一旦可磁化的材料变成了永磁体,那么它在后来使用过程中恢复成零磁通状态的可能性是很小的。

最初进行的磁性实验让人们产生了磁极的想法。同名磁极互相排斥,异名磁极互相吸引(见图1.3)。当磁体自由悬浮时,磁体的"寻北极"一端是指向地理北极的。

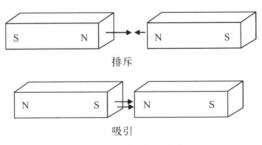

图 1.3 同极相斥,异极相吸

原电池的发展和稳定电流的产生(伽伐尼和伏打)为奥斯特观察电流流入导体时影响指南针运动的实验提供了基础。指南针运动的多少和方向与通入电流的大小和方向有关。很快,电磁铁——通有电流的线圈被制造出来。

法拉第时代,一系列伟大的实验表明:时变磁场会在附近的电路中感应出电流,时变电流会在独立的导体中产生电动势。法拉第定律表述了我们今天所熟知的电磁连续介质。

法拉第定律可以表述为：

（1）当导体相对磁场运动时，导体中会产生电动势。

（2）电动势的大小和磁通量变化速率成正比。

需要注意的是，楞次定律要求感应电流产生的磁场总是反抗引起感应电流的那个磁场的。如果不是这样，那么永动机将成为可能，热力学定律将不会成立。

这一系列发现启示我们，载流导体——不是通有电流的金属或氧化物磁体，是不是也会产生相同的效果？更进一步，也许不是地球内部包含一个巨大的磁体来产生地磁场的，如图 1.4 所示。实际上，一般认为是地球的液态金属核心起到发电机的作用产生地磁场。这种说法的确切机理还不清楚，但是已有很多解释性理论。可以表明，史前地磁场的极性已经反转过很多次，这可以从古代壁炉岩石"冻结"的磁性得到证明。混沌理论可以在适当的时间尺度内解释地磁场的这种古怪行为。

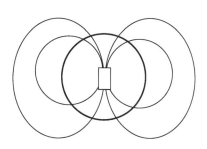

图 1.4　地球周围的地磁场就像是一个埋在其内部的短条形磁铁产生的

1.1　铁的性质

可以通过磁化铁和钢来研究磁场强度的大小。硬钢一旦被磁化就会一直保持磁性。软铁很容易被磁化，但是当激励磁场去掉后它的磁性也会消失。一块软铁没有明显的磁性，不能单独吸起磁针或表现得像磁铁一样。

电磁学中最伟大的突破是发现了电流可以产生磁场，变化的磁场也会诱导磁场中的导体产生电流。这些发现的扩展是，两个电流系统会产生各自的磁场并且相互作用，就像永磁体那样产生相互作用力。

电子的发现给人们展现了一幅从电子流角度考虑电流的画面。这个发现确实意味着一套连贯的理论整合到一起，并且有很强的预测能力。这引发了一个问题，铁条里的电子能不能被激活来产生磁场。对铁原子和其他金属原子结构的详细研究表明，实际上是铁晶格中的电子自旋产生磁场。

此外，如果要观察到强大的外部效应，需要控制电子自旋在空间中的分布。这确实发生了，但成分不多。贝特的研究发现只有当原子参量落入某个范围，电子自旋才会自发地取向一致（见图 1.5）。热力学经验表明，无论何时只要较低的能态空闲，那么其自然特性会优先占领它。

铁、钴、镍都是主要的铁磁性材料。非铁磁性材料对磁场力展示出很微弱的反

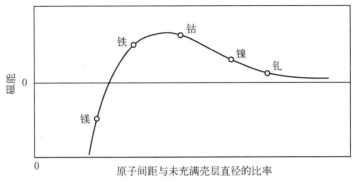

图 1.5　贝特曲线

应,加强或排斥磁场力。这种顺磁性和抗磁性对物理理论是很重要的,但没有很大的工程意义。

1.2　铁磁畴

介绍这样一种观点:铁的晶格中电子自旋会自发平行排列,产生一个强大的整体定向协调的磁场,那为什么在铁条附近找不到明显的磁场? 如果把铁描述成一组自发耦合电子自旋,那么它应该看起来像图 1.6 一样。这些耦合自旋会产生强大的磁场,在与地球磁场相互作用时它应该寻找南北极。铁屑应该在其周围绘制一个如图 1.7 所示的磁场分布。可是为什么不是这样的呢?

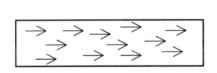

图 1.6　铁中自发耦合电子自旋

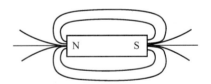

图 1.7　铁的磁场分布

1.3　能量储存

物理学中一个普遍原则:物质的自然属性任何时候都会趋向于一个能被发现的更低的能量状态("我们人类是低能态吗? 如果不是为什么我们会在这里?")。我们知道,电子自旋平行排列产生强大的内部自发磁场,对能量存储是有影响的。所有的电子自旋平行排列会导致晶格变形:在整体磁化方向上,晶格会变长,这称作磁致伸缩效应。稍后我们将会把它当作一种实际效应来考察。铁中所有平行排列的电子自旋必定会在金属的边界处停止,图 1.8 中 X 点将会受到我们所熟悉的磁场作用。金属内部磁场扩大到外部空间可以被描述成能量储存在那部分空间中,如图 1.9 所示。能量储存的特性更倾向于尽可能使这部分能量最小化。

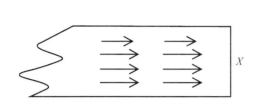

图 1.8　磁体的末端

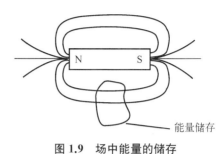

图 1.9　场中能量的储存

电子自旋的重新排列会产生如图 1.10 所示的效果。根据前面的理论,可以认为能量储存在磁体中,能量值根据保持磁体末端靠近外部空间的电子自旋平行排列所需的作用力大小来计量,但不论怎样这里有储存的能量。那么这种排序情况又该怎么办呢?

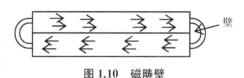

图 1.10　磁畴壁

如果平行排列的电子自旋由两个相反方向组成,整体上看,会降低外部磁场,储存的能量将小得多。继续这样细分,图 1.11 的(b)、(c)情形会进一步降低储存的能量和减小外部磁场。对于图 1.11(b),我们可以将 A 和 B 假定成指向相反方向的不同磁畴。当继续细分到图 1.11(d)情形时,将没有磁场出现,不会吸起磁针。现在的情况是铁中每个磁畴都被强烈地磁化,并且磁畴有序排列以至于金属外部的磁场微不足道(不能吸起磁针的状态)。

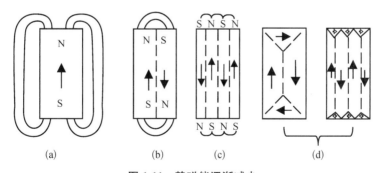

图 1.11　静磁能逐渐减少

如果这种基于磁畴的金属暴露在外部磁场中,那么会发生什么呢? 图 1.12 中 A 区域会被加强并且扩大,B 区域被抑制从而收缩。这是通过磁畴壁 XY 向一侧

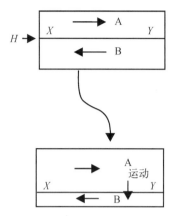

图 1.12　磁畴壁的运动

移动来实现的。一个非常微弱的外部磁场就能导致磁畴壁 XY 的移动，引发所有铁晶格中的电子自旋完全平行地排列，从而使金属可观测到的磁性从零上升到一个很高的值。反转外部磁场会导致整个磁化也反向。通过磁畴壁移动产生的磁矩是非常强的，甚至会是该外部磁场在空气或真空中的磁矩的一百万倍。

有一种简单说法，即将磁畴作为铁磁性的"隐蔽系统"，以及将磁畴壁的运动作为铁磁性在工程学中的表现方式，这种说法还远远不能提供一个完整的画面，但是这在我们的讨论中已经足够了。

软铁中的铁磁状态通过电子自旋耦合达到磁饱和，是以磁畴调整实现能量最小为前提的。在后续的章节中，将更详细地讨论如何控制磁畴的大小、形状，磁畴壁的运动是怎样导致钢铁零件物理尺寸的微小变化（磁致伸缩），以及硬磁材料中磁畴壁如何通过有目的的不可移动来产生"永磁体"。

铁磁体的独特性在于运用相对较小的外加磁场能控制大量磁通形成。磁通自身参与电磁活动。当材料的晶体结构既容易受外加磁场磁化，又容易退磁，那么这种材料称为软磁材料，这个和材料的机械软硬是紧密联系的。当材料的晶体结构是有组织地排列，需要很大的外加磁场才能导致磁畴壁的运动和进行响应，而当外加磁场去掉后，已产生的磁性可以在空间长期保持，那么这种材料称为硬磁材料。

这种永磁体在电工学中有它们的用处，但是和被设计成软磁的电工钢是不同的。已经开发出使内部磁畴结构清晰可见的技术，这将在[1][2]两篇文献中进行深入的介绍。图 1.13 是电工钢样品中的铁磁畴结构。

如今，在电工应用领域，经常用到通过管理能量流和进行功率分配来响应微小信号的放大器。机械放大器（伺服机构）长期以来一直被使用。在 20 世纪期间，由于铁磁体具有通过控

图 1.13　磁光成像下的铁磁畴结构

制流量进行放大的能力,各种各样的磁放大器得到运用。正是变压器和旋转电机中磁通放大的开发利用才使得电子技术现代化能够实现。

存在铁电体这种材料,它们的性质和铁磁体的性质类似。目前为止,在电力应用领域它们还没有被合理地利用。

参考文献

[1] BRAILSFORD, F.: 'Physical principles of magnetism' (Van Nostrand, London, 1966).
[2] CAREY, R. and ISAAC, D.: 'Magnetic domains' (EUP, London, 1966).

第2章 电工钢的功能

2.1 引言

电工钢有两个主要的应用：变压器和旋转电机。变压器受益于铁磁体磁通放大的特性，在很小的范围内磁通量可以高速变化，这样可制造大小可控的高效变压器。本书将不会进一步考虑变压器，更多的内容可以在文献[1]～[4]中找到。

2.2 力放大

载流系统(磁体)之间相互作用的力是与 B^2A 相关的，这里 A 是要考察的面积，B 是这个面积内的磁通密度。因此，任何电机所产生的力取决于 B 的大小，B 又取决于铁磁性材料能产生多少磁通量。

通过处理可以使铁感应磁场强度是外加磁场的千倍。通过 B^2 的反馈后，力可以达到百万倍。物体在力的作用下移动一段距离会做功，做功的快慢称为功率(hp、W 或 kW)。使用铁磁材料进行磁通量放大，将直接引起给定尺寸和重量电机的潜在功率巨大放大。通电电流产生磁场时会有欧姆电阻导致的功率损耗(除了某些情况下的超导体)，所以利用铁的磁场特性放大性能既节约材料又节约能源。

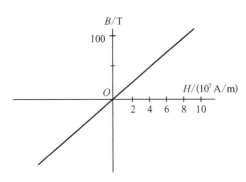

图 2.1 在高磁场强度下 B-H 曲线
看上去像一条简单的直线

图 2.1、图 2.2、图 2.3 展示了在很宽的磁场强度范围内，外加磁场对磁性材料的影响。从图中可以看出，铁磁体(如铁)在宇宙尺度下只表现出一个很小的异常。正是这个异常的"小气泡"为电工学的崛起奠定了基础。

图 2.4 表示与空气相比，钢对外加磁场的响应。开始时磁通量增加得很少，然后磁通量急剧增大，但是在大约 2 T 的地方磁通逐渐趋于饱和，这时就增加磁通

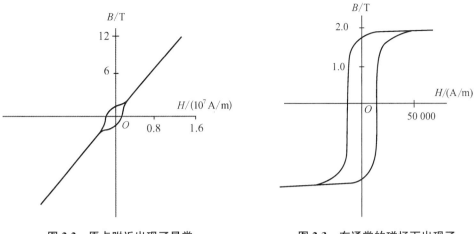

图 2.2　原点附近出现了异常

图 2.3　在通常的磁场下出现了
B-H 曲线

量而言,有铁填充的空间与真空相差无几。由于外加磁场成本为零,所以产生 2 T 磁通量成本极低。

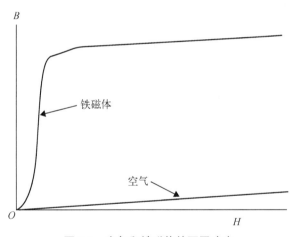

图 2.4　空气和铁磁体的不同响应

通过使用微弱的外加磁场控制大量的磁通量,产生强大的机械力,系统拥有了正向增益放大器的性质。磁放大器可以采取静态或旋转的形式,但是对功率放大器而言这种设备基本已经淘汰了。

2.3　单位

在电磁研究的早期,人们通过磁体间的作用力来研究磁体的行为,这产生了包括磁极和与之类似的单位系统,从那时起磁学中的单位系统已经改进过了很多次。在此书中,我们只考虑国际单位制。

2.4 激励-响应

本质上磁学的中心思想是施加激励及产生响应,如图 2.5 所示。激励称为外加磁场,用字母 H 表示大小。材料的响应用字母 B 表示。国际单位都是基于电学的,将在下面进行介绍。

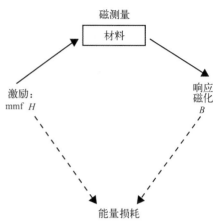

图 2.5 磁化是激励和响应的过程

2.4.1 励磁磁场

励磁磁场 H 的大小是以 A/m 来衡量的,它是指流经螺线管形区域的安培数,如图 2.6 所示。携带环形电流的导体可能很大也可能很小,可能很少也可能很多,但真正起作用的是单位长度上的安培数。

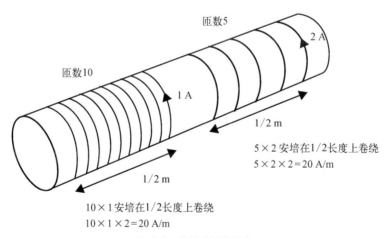

图 2.6 安培/米的概念

需要区分一下励磁磁场和磁动势的概念。在一个给定区域(见图 2.6 中螺线管内部)的励磁磁场具有一定的强度。这个强度定义为 $H(\text{A/m})$ 的电流绕一个很长的螺线管流动时,在这个螺线管内产生磁场的大小。相比之下,磁动势是指电流流过导体所产生磁通量的大小,与空间分布无关。

考虑图 2.7 中由软磁材料制成的环,在线圈绕组 C 中通入 I 安培的电流,就会产生 n 安培匝的磁动势。线圈可以被紧紧地缠绕,也可以展开。当缠绕的长度为

l 时,缠绕区域的安培匝数/米为 $I \times n/l$。但是磁动势为 $\int_0^l H \mathrm{d}l = n \times I$。磁动势由载流线圈或具有同等效力的永磁体产生。

最开始做研究时使用螺线管是很方便的。有关直导体的安培定律的发展可以在很多书中找到。旧的技术中使用奥斯特(oe)作为外加磁场的单位,现在也还在用,如在继电器和永磁体等的应用上,特别是在美国(1 oe＝79.58 A/m)。

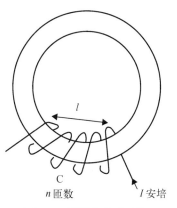

图 2.7　线圈中的磁动势

2.4.2　磁化、磁感

磁通密度的单位是 T,表示单位横截面积上的磁通量。韦伯(Wb)是磁通量的单位。如果 1 s 内在导体内部稳定地增加或减小 1 Wb 磁通量,那么导体中会产生 1 V 的电动势。也就是说 $1\,\mathrm{Wb} = 1\,\mathrm{T} \times \mathrm{m}^2$。韦伯描述的是磁化的绝对总量,特斯拉描述的是单位面积的磁化强度。

材料的磁导率是指材料对激励的响应程度,也就是由外加磁场 H 激励产生磁感 B 的水平。磁导率＝B/H,用符号 μ 表示。真空是最简单的介质,真空磁导率为 $4\pi \times 10^{-7}$。真空中可以写成:$B = \mu_0 \times H$,$B_{\mathrm{tesla}} = 4\pi \times 10^{-7} \cdot H_{\mathrm{a/m}} = \mu_0 \times H$。

也许会有这样的疑问,是什么性质允许磁场能在真空中存在? 是不是我们面前的空气(在磁性方面它很像真空)能够支撑着磁场? 又是它的什么性质支撑着磁场呢? 这是一个哲学问题,让人联想到很久以前的以太观点和现代宇宙学中的空间零点能量理论。更深层次的问题是,磁场在宇宙中的传播需要磁元量子化系统吗?

当考虑铁磁性材料时,高的磁导率中既包括真空对 H 的潜在响应,也包括电子自旋平行排列和磁畴运动所产生的额外响应。也就是 $B = \mu_0 \times H + M$,M 是额外的磁感应强度,单位也是 T[1]。

有时会使用 J 而不使用 M。因为 H 的单位是 A/m,B 的单位是 Wb/m²,$1\,\mathrm{Wb} = 1\,\mathrm{V} \cdot \mathrm{s}$,所以根据单位分析可以知道磁导率的单位是 H/m[1 亨利(H)指的是电流以 1 A/s 变化时获得 1 V 的反电动势所需要的电感值]。

铁磁性材料利用内部电子自旋平行排列而自发磁化,这种自发磁化会因为磁畴结构相互抵消而不显现出来。外加一个很小的激励磁场就能重新调整磁畴结

---

① 旧文本中可能会使用高斯而不使用特斯拉(1 T＝10 000 Gs)。北美的文章中可能会使用线/英寸²(1 线/英寸²＝0.155 5 Gs/cm²)。

构,促使电子自旋定向排列,从而对外部显示磁性。以可控的方式展现这种能力只需将磁作用下的铁芯作为电机的一个组件。

通过 $B^2 \times A$,磁通量放大可以导致力放大。这可被认为是在电机中使用了越来越多的铁芯,如图 2.8 所示。为了给出所涉及单位的范围,在 1 m 宽的区域通入 10 000 A 的电流,这是一个相当大的电流。100 000 A 已经成为一个工程难题。铁芯在 2 T 多一点的时候会达到饱和,相对磁导率将达到几千甚至上万。

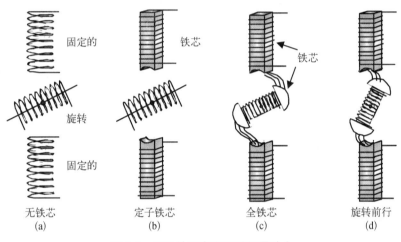

图 2.8　使用铁芯来实现磁通量放大

参考文献

[1] CONNELLY, F. C.: 'Transformers' (Pitman, London, 1950; later reprints, e.g. 1962).

[2] COTTON, H.: 'Applied electricity' (Cleaver Hume, London, 1951). Various books by Cotton cover the subject in greater depth.

[3] HEATHCOTE, M.: 'J and P transformer book' (Newnes, Oxford, 1998).

[4] KARSAI, K., KERENYI, D. and KISS, L.: 'Large power transformers' (Elsevier, Amsterdam, 1987).

第3章 电工钢的发展历史

>>>

人们发现铁芯能够大大提高起重磁铁的功率后,铁磁性材料被运用到电动机和发电机的定子和转子上。最早的时候,使用的是铸铁和锻铁,因为它们方便易得。铸铁的磁导率不是很好,如图3.1所示。

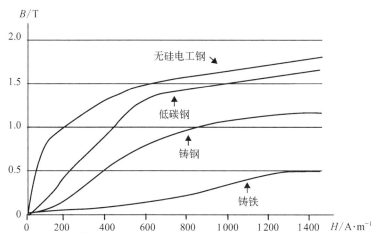

图3.1 适当外加磁场下材料的磁化能力

在设备中使用实心铁芯会引起很严重的涡流损耗,因此发展中的钣金行业开始加入到铁芯的制造过程中。实心铁芯是一个电导体,就像一个短路线圈,当磁场变化时会在线圈中感应很强的电流。当使用一堆薄片或一捆电线作为铁芯后,涡流大大减少。

当时功率损失仍然很高,虽然功率效率不是最关心的方面,但是机器运行过热却是非常麻烦的。在19世纪末20世纪初,发现加入硅元素进行合金化,能够提高铁的电阻率,非常有助于抑制涡流流动。图3.2显示了在实心铁芯中减少涡流流动的好处,使得大量减少功率损耗成为可能。

早期关于添加硅元素进行合金化的专利是由巴雷特、布朗和哈德菲尔德申请的,通过合金化增加电阻率减小涡流的强度。图3.3显示了这种技术所覆盖的领

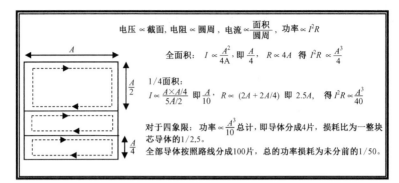

图 3.2 叠片抑制涡流、减少功率损耗的简化模型

RESERVE COPY

N° 3737   A.D. 1902

Date of Application, 13th Feb., 1902

Complete Specification Left, 15th Dec., 1902—Accepted, 15th Jan., 1903

PROVISIONAL SPECIFICATION.

Improvements in Electrical and Magnetic Apparatus such as Transformers, Dynamos, and other Appliances, and Alloys for use therein.

I, ROBERT ABBOTT HADFIELD, of Parkhead House, Sheffield, in the County of York, Steel Manufacturer, do hereby declare the nature of this invention to be as follows:—

In the construction of electrical and magnetic apparatus such as transformers, dynamos, motors and other appliances where a direct or alternating current is employed to generate magnetic lines of force, iron or mild steel has been used, involving considerable loss owing to the inadequate permeability of the iron or steel and the consequent considerable hysteresis loss or dissipation of energy in each magnetic change or reversal.

Now I have discovered that the efficiency of apparatus such as referred to may be greatly increased by the use in the construction thereof of alloys containing

---

No. 745,829.   Patented December 1, 1903.

UNITED STATES PATENT OFFICE.

ROBERT A. HADFIELD, OF SHEFFIELD, ENGLAND.

MAGNETIC COMPOSITION AND METHOD OF MAKING SAME.

SPECIFICATION forming part of Letters Patent No. 745,829, dated December 1, 1903.

Application filed June 12, 1903. Serial No. 161,228. (No specimens.)

To all whom it may concern:

Be it known that I, ROBERT ABBOTT HADFIELD, a subject of the King of Great Britain, and a resident of Sheffield, county of York, England, have invented certain new and useful Improvements in Magnetic Compositions and Methods of Making the Same, of which the following is a specification.

My invention relates to material having magnetic and electrical properties suitable for use in various electrical apparatus, such as ballast-coils, transformer-plates, and the like.

The object of my invention is to produce an improved material of this character having specially high permeability and electrical resistance and low hysteresis qualities. I have found that material of these desirable qualities can be produced by alloying iron with other elements, among which I will name silicon and aluminium, phosphorus also yielding satisfactory results, as well as combinations of two or three of these elements.

I may proceed, for instance, as follows: I take pure Swedish or other suitable pure iron

and low hysteresis for efficient use in transformers and other electrical apparatus in which said qualities are useful.

I have found that the superior qualities of my improved material or alloy can be still further enhanced by a treatment involving alternate heating and cooling and generally carried out as follows: I first heat the material to between about 900° and 1,100° centigrade and allow it to cool, preferably quickly. Then I reheat the material to between about 700° and 850° centigrade—that is, to a temperature lower than the one attained during the first heating—and then allow the metal to cool very slowly. In practice the cooling has been often extended to last several days. Either one or both of these treatments may be frequently repeated, or after the first treatment has been carried out the second type of heating may be frequently repeated. I have, for instance, taken a steel alloy of the composition above mentioned, heated it to 1,070° centigrade, cooled it quickly to atmospheric temperature, reheated it to 750° centigrade, cooled slowly, again reheated to 800° centi-

图 3.3 哈德菲尔德专利的前面几页

域。早期的电工钢是通过人工送料的热轧工艺制造出来的,并且通常是成堆热轧。通过这种方式生产的热轧电工钢是各向同性的,也就是说在沿轧制方向和垂直于轧制方向磁性能和物理性能都是相同的。硅的含量可以达到 4.5%,超过 4.5% 后脆性是不可以接受的。也有每次轧一张电工钢板,生产有限数量的冷轧电工钢板。

带钢冷轧率先在美国出现,开启了高速轧制的大门,1 000 m 长的钢卷在连轧机上轧制或反向轧制。冷轧钢的特性极大地影响了电工钢的发展方向。由于轧制工艺的制约,硅含量限制在 3%~3.5% 之间。

室温下,铁的晶格是体心立方。晶格内电子自发地自旋平行排列达到自饱和状态,某些方向更容易被磁化。图 3.4 显示的是铁的晶体结构和不同方向上的磁化率。当铁结晶后,晶粒都是随机分布的,所以整体材料表现出的磁性是各个晶向上的平均值。

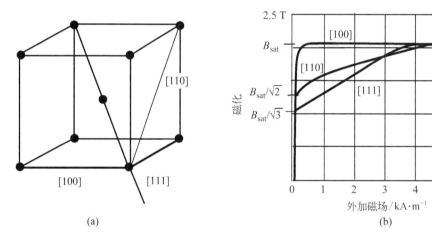

图 3.4　(a) 体心立方晶格:[111]体对角线方向;[110]面对角线方向;[100]立方体的棱边方向。(b) [100]易磁化方向;[110]难磁化方向;[111]最难磁化方向

冷轧后,晶粒不是完全随机分布,所以某些方向上的磁化率不同于轧制方向的磁化率,我们将在下面进行定量分析。

通过一系列复杂的冶金轧制和热处理工艺,导致金属晶粒长大,沿轧制方向更容易被磁化。这种材料极大地提高了轧制方向的磁性能,但是相对而言削弱了垂直于轧制方向的磁性能。这种特性在旋转电机里是不受欢迎的,但在变压器中具有优越性,因为变压器设计成单向磁通。

一些非常大的交流发电机可以使用具有合适晶粒取向的电工钢作为定子铁芯。

3.1 提高磁化效率的途径

改善材料性能的可行办法将在下面列出，它们都是有成本的，所以最后采用时要考虑合适的性价比。

3.1.1 叠片

叠片后涡流被抑制，如图 3.2 所示。铁是电的良导体，如果用块状铁作为磁性渗透铁芯，那么铁的表面电阻率低容易形成短路。当磁场反向时会在表面产生感应电动势，最终会因为散热导致涡流损耗。如果把铁芯细分成薄片，通过平衡涡流路径阻力和感应电动势的变化，能够从根本上降低铁芯中的整体功率损耗。

由楞次定律可知，涡流产生的磁场会反抗产生涡流的磁场的变化。这种效应会延迟外加磁场渗透到铁芯中心，这意味着如果磁场反转频率太快的话，实际上铁芯金属没有被完全利用，不会全部贡献给磁路磁通。

通过叠片抑制涡流和提高电阻率可以促进磁通快速渗透并使铁块充分利用。叠片显然会增加制造薄钢板和进行绝缘的费用，并且过度减薄的话，非常薄的叠片会导致铁的空间占有率下降，而不是因为表面的不均匀性。此外，如果钢板太薄，表面将作为主要的磁畴畴壁钉扎部位，构件损失会提高。总之，绝大部分工程应用中使用的钢板厚度在 0.2～1.0 mm 之间。

3.1.2 提高电阻率

增加硅的含量可以提高电阻率，如图 3.5 所示。添加铝也可以有效提高电阻率，但使用铝时会伴随着很多困难。铝容易被氧化，这会导致氧化铝夹杂物钉扎在磁畴壁上。

在提高电阻率方面，已经付出了大量的努力去寻找比硅更好的二元、三元或四元合金。这是一个巨大的项目，这个问题的结果如图 3.6 所示，可以明显地发现硅（在 1903 年被应用）仍然是最成功的合金元素。还有一种类似的方法来提高电阻率，将金属分解成相互绝缘的微小粒子，嵌入到一个电绝缘的基体中。这就是所谓的软磁复合材料线路，可以预期将来在高频下是非常有用的。

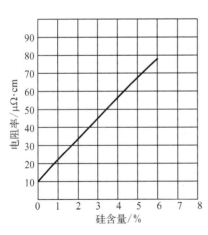

图 3.5　电阻率和硅含量的关系

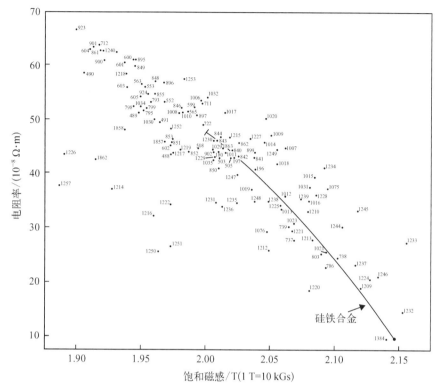

图 3.6　合金元素对电阻率和饱和磁化强度的影响

添加硅元素会有以下几点不足：

（1）硅铁合金使成本增加。工业上使用的硅以硅铁合金的形式存在，而含碳量低的，且能在最终加工的钢板中也保持低碳含量的硅铁合金很昂贵。

（2）加入硅会大大地增加脆性。加入微量的合金元素会影响铁的物理性质。碳含量在 0%～1% 范围，保证了钢铁各种各样重要的属性。电工钢的碳含量低至 0.002% 是符合需求的，为了保证较好的可轧制性，硅含量最多可达到 3%～3.5%。

（3）由于硅的稀释作用，会减少铁中可用的磁通量。要知道机械功率是与 B^2 成正比的，稀释作用导致 B 的减少，损失立即可见。

然而，硅的存在可以减少一些其他杂质的不良影响。

虽然热轧工艺可以生产硅含量为 4.5% 的硅钢，但是热轧钢板的表面要比冷轧钢板粗糙得多，最终导致占空系数减少（下面会介绍）。冷轧钢板表面更光滑，但是硅含量超过 3.25% 后，冷轧钢板的延展性是不够的。

当硅溶解到铁中后，确实没有产生无磁性、应力源或是阻碍磁畴壁等晶体第二相来抑制电工钢的优良性能。

3.1.3 提纯

钢中的任何非金属夹杂都会损害磁性能,这是因为当磁化强度改变时磁畴壁必须移动,但是磁畴壁被非金属夹杂物钉扎和阻塞住了。磁畴壁是携带着能量的,如果磁畴壁要跨过夹杂物,那么将在磁畴壁上产生一个洞,如图 3.7 所示。因为需要能量重建被拉开的磁畴壁,这样就构成了一个能量势阱,如图 3.8(a)(b)所示。图 3.8(c)表示作用在磁畴壁上的力随距离的变化。因此,限制构成非

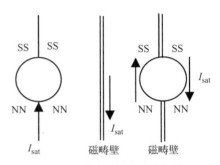

图 3.7 磁畴壁被夹杂物钉扎

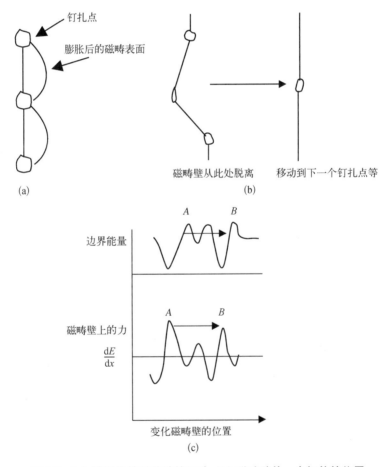

(a)

磁畴壁从此处脱离   移动到下一个钉扎点等

(b)

(c)

图 3.8 (a) 被钉扎的磁畴壁的运动;(b) 磁畴壁从一个钉扎的位置移动到下一个位置;(c) 不同磁畴壁位置的能量和力

金属夹杂物元素的存在是非常重要的。碳和硫是主要的有害元素,在钢板制造过程中应该控制碳和硫的含量使之最低(后面会介绍低碳钢的制造)。高温时碳可以很容易溶解到铁中,所以退火处理可以将任何含量的碳变成固溶体。可惜这种固溶体是不稳定的,当金属在 100℃ 的环境中工作较长时间后,碳会以非磁性碳化物的形式沉淀出来。

当磁畴壁突然从夹杂物上离开时,磁畴壁的瞬时速度变得非常大。磁畴壁的快速运动会在晶格中产生微小的涡流,当磁畴壁的速度更大时涡电流会更强。微小的涡流导致额外的焦耳热,增加整体的能量损失。

从宏观上讲,嵌入到磁畴壁中的碳化物会提高钢的矫顽力(与退磁的难易程度有关),同时增加磁滞回线的面积。碳化物的析出带来额外的功率损失,致使温度上升,从而析出更多的碳化物,然后这样不断继续下去。早期的机器会遭受这种"时效"效应,铁芯需要定期地进行退火处理。可以通过化学方法抑制沉淀物,如添加钛元素,但是添加过度的话效果会比之前更坏。

另一种可行的方法是"过时效"。这种方法让金属在一个适当的温度下保持很长一段时间,其间沉淀物析出,然后晶粒长大直到沉淀物以少量更大的形式存在。非常小的沉淀物会在晶格中造成应力区,应力区钉扎住磁畴壁。图 3.9 显示的是一个正在时效处理的沉淀物的显微图片。硫比碳更难控制,最好在钢板制造过程中去硫,但去硫是很昂贵的。

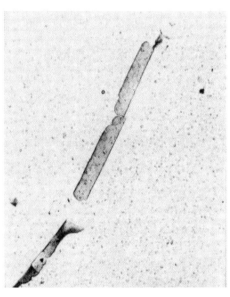

图 3.9　时效析出(×10 000)

3.1.4　增加晶粒尺寸

当钢处在 800℃～1 000℃ 的高温中时,细小的晶粒会相互合并最终导致整体晶粒尺寸变大。粗晶时单位体积内晶界会减少,而晶界是主要的磁畴壁钉扎位置,所以粗晶可以减少单位体积内磁畴壁运动的阻碍。在制造的过程中有各种各样的方法促进晶粒大范围快速长大。

3.1.5　晶粒取向

我们已经知道铁的晶格中有些方向特别容易磁化,这已经运用到变压器中,这里我们称之为高斯取向。Norman P. Goss(见图 3.10)于 20 世纪 30 年代在美国研究出晶粒取向的处理方法,他发现通过合理的冷轧技术和热处理工艺可以控制晶粒取向,使带钢轧制方向容易磁化。在绝大多数旋转电机中高斯取向是不合适的,因为它在板平面内不是各向同性的。可以认为晶粒取向比随机取向有利,但随机取向更适合在旋转电机中使用。

 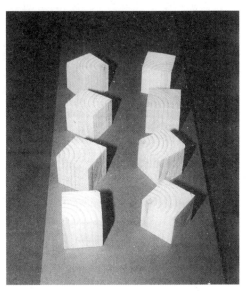

图 3.10　Norman P. Goss 博士　　　图 3.11　随机的立方体表面纹理,更适合旋转电机(在板平面内没有体对角线方向)

　　如果考虑的是随机的立方体表面模型,如图 3.11 所示,显然在板平面上有立方体棱边方向、面对角线方向,但是最不利的体对角线方向都被去除了。合理设计的随机立方体表面纹理(晶粒排布)会为电机钢带来好的结果,但是这还没有被冶金学家以经济的价格实现。

　　虽然已经知道粗晶是有利的,但晶粒过于粗大也是有害的。由于各种热力学原因,随着晶粒尺寸的增加磁畴壁的间距也会增加。这意味着,如果间距很大,那么磁畴壁将在给定的时间内高速移动来完成磁化。磁畴壁的快速移动会产生微小的涡流,磁化矢量会发生旋转,也就是说高速移动的磁畴壁会产生额外的损耗。晶粒尺寸到达一定数值后将不再合适(在变压器钢中可能是 5 mm),需要利用特殊的技术人工控制磁畴壁的间距。直到最近人们依然认为这种现象不会出现在制造电动机/发电机的硅钢中,尽量获取更大的晶粒依然是难以胜任的目标。然而,快速崛起的使用脉宽调制(PWM)和相关方法来控制电机速度,会导致磁畴壁更快地运动以获得需要的 dB/dt 值,这样就必须考虑优化晶粒尺寸的方法。

3.1.6　消除应力

硅钢中的应力区是磁畴壁钉扎的主要位置,需要避免这些地方,所以经常使用去应力热处理工艺来优化磁性能。一般而言,应力,特别是抗压应力会损害磁性能。应力区中原子移动受到约束,会影响晶粒对磁化的响应,去除应力是有益的。通常使用退火工艺消除应力,让原子回到平衡位置。然而,为了获得最好的结果,退火应该放到最后一道工序。如果叠片冲压放到最后,那么退火的优点会部分损失掉。此外,如果用很大的力将电机的定子装到外壳中,那么铁芯将会永久处于应力状态,也不能发挥最佳性能。

3.1.7　拉应力涂层

不是所有的应力都是不利的。对于一些硅钢(如变压器硅钢),涂层会导致带钢表层下面产生拉应力,这是有益的。在晶粒取向变压器硅钢上经常使用这种方法。

3.2　可用途径回顾

叠片、合金化提高电阻率、提纯、粗晶、取向晶粒、消除应力、拉应力涂层,经过一百年的积累,以上技术的发展促进了磁性能的提高。在下一节中,将介绍这些途径是怎么配置的。

第 *4* 章　制造工艺

4.1　炼铁

　　曾经的炼铁工艺都是传统高炉冶炼,而随着减少资本密集型工业的要求,如今更多是采用直接还原炼铁的工艺。在各种工艺中,铁氧化物矿石都是被还原为铁金属,而杂质难免会被带入到粗铁当中。目前,更进一步的炼钢工艺中越来越多地选择掺杂废钢,其中废钢仅在铁矿石还原工序后掺杂,但是工序中应考虑掺杂废钢带来的影响。

　　世界各地都分布着铁矿资源,钢铁企业将矿石从遥远的原产地运回钢厂冶炼,并将掺和其他元素来冶炼各种特定屈服强度的钢种,比如高炉铁中含有 4% 的 C 以及不同含量的 Mn、P、S、Si 和其他一些微量元素等。总之,炼钢过程就是首先去除非 Fe 元素再重新按照各种性能要求掺杂相应元素的过程。

　　在炼钢过程中大量的 C 元素被去除,而有些特殊元素有助于促进钢铁的冶炼,比如,少量的 Si 元素可以帮助去除 O 元素;Mn 和 S 元素的平衡会影响钢材的晶粒取向生长能力;P 元素影响钢材的最终硬度;虽然炼钢过程中不希望有 Ti 元素存在,但是微量的 Ti 元素又是冶炼电工用钢所必不可少的;大量使用废钢会引入更多的 Cu(来源于报废的电气设备),从而优化最后的钢材特性。

　　图 4.1 是某典型的高炉钢元素含量图,图 4.2 是传统的低碳钢元素含量图。炼钢的过程都可以通过控制液渣去除或定量一些元素。标准的普通低碳钢大约含有 0.1% C 和一些其他的微量元素。

碳 4%
锰 1%～2%
磷 0.4%～1%
硫不超过 0.05%

碳 0.1%
锰 1%
磷 0.05%
硫不超过 0.05%

图 4.1　某典型高炉钢元素含量图　　　**图 4.2　传统低碳钢元素含量图**

对于电工用钢来说,特殊处理要求如下:

(1) 精确添加的元素:

Si：影响电工钢电阻系数；

P：控制电工钢硬度；

Al：某些特殊晶粒取向要求；

Mn：改善电工钢电阻系数。

（2）尽可能去除的元素：

C：特殊处理工艺；

S：特殊处理工艺；

N_2：防止通入；

O_2：防止通入。

在过去的 20 年里，在二次冶炼过程中，去除 C 和 S 的工艺已经可以实现将其含量降到非常低的水平（少于 0.003%）。在带钢生产过程中采用"真空除气"的工艺去除 C 元素，具体过程就是让熔融状态的钢暴露在高真空和搅拌的状态，如图 4.3 所示。

(a)

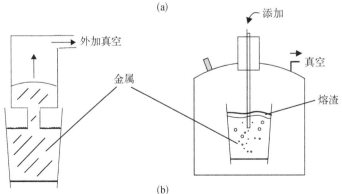

(b)

图 4.3 （a）真空除气装置；（b）真空除气分解示意图

　　S 的去除工艺主要是在液态金属状态下通过硅化钙处理。这些处理工艺成本都是昂贵的,但是对于避免在后续轧制过程中处理来讲还是值得的。

4.2　通用制造工艺

　　通用的带材制造工艺流程如图 4.4 所示。钢水连续地进入辊轧机热轧成 2～4 mm 厚的"热轧钢带"。考虑到控制厚度精度以及良好的表面质量,工业生产不选择热轧制 2 mm 以下的钢带,而采用冷处理形式。但目前可以热轧 0.7～1.0 mm 厚度钢板的钢厂数量仍然很少。

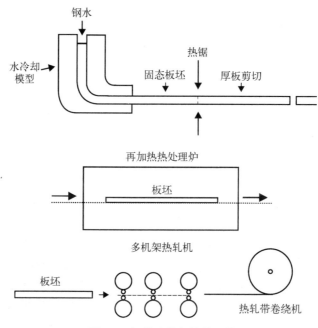

图 4.4　钢的连铸和热轧工艺

　　现代的冷轧钢厂将"热轧钢带"继续冷轧至 0.2～0.7 mm 厚(见图 4.5)。在冷轧工艺前,钢带首先会进行喷丸、整边和酸洗处理去除表面氧化铁皮,达到可供冷轧的合适表面质量,其次再进行链式退火使得板料内部金属结构均匀化。钢卷展开连续进入退火炉中,所以退火炉的结构很长,约有几百米,然后在尾部再次卷绕。

4.2.1　脱碳处理

　　钢带被轧制成最终的 0.5 mm 或更薄后,在进行链式退火过程的同时对其进行脱碳处理。为了达到良好的脱碳效果,可以采用 800℃以上湿氢气氛处理 1～2 分钟,材料内

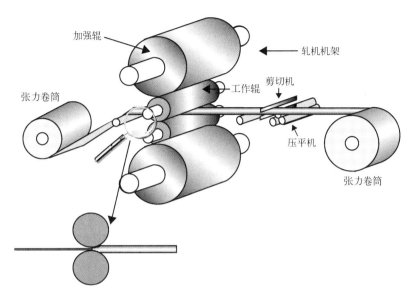

图 4.5　冷轧过程及装备

部的 C 元素会扩散到表面并与表面的湿氢进行反应生成碳氢化合物、CO 和 CO_2 等。

如果在炼钢或链式退火时没有进行脱碳处理，那只能任由其存在或在最终成形叠片时进行移除。考虑到内应力会抑制磁畴的移动，电工钢在用于电机前必须通过退火工艺消除内应力以及冷轧带来的影响。这种全退火工艺一般都是电机制造厂商或者叠片供应厂家进行的。这最终的热处理脱碳处理工艺必须保证 800℃以上的长循环，从而确保脱碳气体能够渗透到每一个叠片的表面，并且使得反应废气能够充分扩散尽。另外,该过程还需保证叠片有足够温度和足够时间进行充分的化学反应。图4.6展示了链式退火脱碳过程,其中最终的氧化涂层应用于晶粒取向过程。

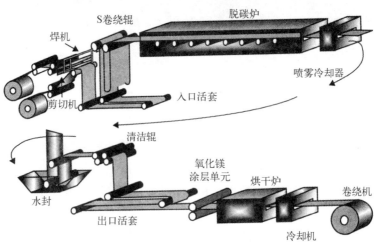

图4.6　链式退火脱碳现场图片及原理示意图

在下列从炼铁到最终成品过程中,脱碳处理一般应用于下面的 3、5 或 7 工艺,或者全覆盖这 3 道工艺:① 炼铁;② 炼钢第一阶段;③ 炼钢第二阶段;④ 冷轧;⑤ 链式退火;⑥ 最终减厚冷轧;⑦ 冲片后脱碳退火。

考虑到电工钢要求的磁性能不一样,脱碳处理的难易程度(以及成本)也应随之改变。

很久以前,脱碳处理是通过金属加热后与空气接触反应。这样可以使 C 元素混合到金属表面氧化层中,从而采取酸洗将之去除。当然,这种方法也会造成铁一定量的损失,因此这不是一个通用的方法。

早期在批量生产过程中脱碳处理放在冷轧工艺前,热轧钢带卷(如热轧 3 mm 厚度钢带)放在相互交叉的钢丝网上,然后暴露在脱碳的气氛中进行加热。钢丝网的交叉网状结构有助于气体渗透到钢卷缝隙中,从而使得热处理时间充分。脱碳处理的速度大约与钢带厚度的平方成反比,所以该过程需要一个很长的试验箱。这种"松卷退火"工艺有一些优点,但是交叉网状结构的准备和恢复工作都很烦琐。众所周知,钢成分中如果有很少的碳和其他硬化元素,钢会变得很软并且机械性能很低("Q"级),我们很容易通过用手进行弯曲或者落地声响(砰的一声而不是叮当一声)来进行判断。

4.2.2　脱硫处理

S 含量的控制一般是通过在炼钢过程中对熔渣的处理实现的,S 元素被促使扩散到液态熔渣的上层从而被移除。进一步降低 S 含量,如 0.002% 以下,则需要在炼钢的第二阶段进行硅化钙或其他化合物的处理。虽然脱硫处理的成本较高,但是当碳含量较低时,低硫能带来磁性能的完美提升。

4.3　冷轧工艺

输送到冷轧厂房的"热轧钢带"尺寸一般为 2～4 mm 厚、1 m 宽,钢卷通常重量在 20 t,如图 4.7 所示。冷轧厂通常要考虑如何配置庞大的轧板机将这样的钢卷带压薄,过程如图 4.8(a)(b)所示。考虑到为保证薄钢带有较大的减薄,辊缝就要求滚轮直径相应地减小。小直径的辊轮更加容易造成钢带弯曲,因为在辊轮受力时,钢

图 4.7　典型的热轧钢卷

带的中心部位减薄程度要小于边缘部位。为了抵消这种现象,生产过程中会增加补偿辊来弥补这种变形,如图 4.8(c)所示。

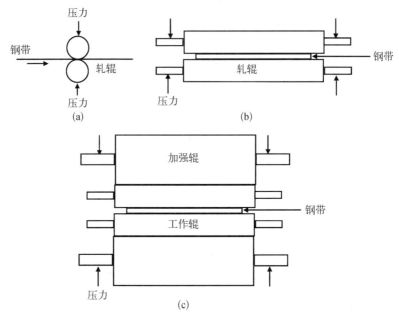

图 4.8　(a) 轧板;(b) 辊轮受压;(c) 补偿辊

特殊的,Zendsimir 钢厂采用更加复杂的辊轮排布系统来获取更大程度的减薄。其他有效方法还有采用非平行侧面辊轮和利用内部液压膨胀的设备等。

轧制,无论热轧或冷轧,是一个很宽泛的技术,并且轧制结构无须考虑最终的钢材使用者。

轧钢厂一般分为连续式和可逆式。连续式轧机一般是渐进地减薄钢板,而可逆式轧机一般是钢带往复多次从左向右通过轧机机座从而达到目标厚度。

热轧钢带的表面质量不可能达到冷轧钢带所达到的程度。冷压轧的质量一般由以下几个方面所决定:运行速度;产品厚度的精确性;形状修正(见第 10 章);洁净度;钢带断面轮廓;表面粗糙度。

产品厚度对电机生产商来说是非常重要的,因为它决定了电工钢片的叠片系数和定子铁芯的最终高度。第 13 章会具体介绍如何精确控制产品厚度。

"形状"描述了产品的变形量和内应力水平。轧制过程会造成靠近钢带边缘的织构难以达到中心区域织构的纵向延伸程度,如图 4.9 所示。这称为中间松边缘紧。类似的,边缘区域会出现波状边,如图 4.10 所示。这种情况的形状经常出现于钢带处于受拉状态和不同内应力状态。

这种不利的形状钢带在冲片时会造成一些瑕疵,比如说冲孔时会产生椭圆形

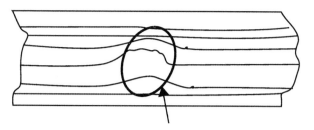

图 4.9　形状偏差实例：中间松边缘紧

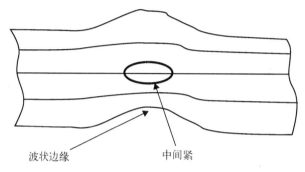

波状边缘　　　　　　中间紧

图 4.10　形状偏差实例：中间紧波状边缘

状。这种现象造成的圆孔偏差，显然对电机定子铁芯叠片制造是不利的，而现在的钢厂采用连续形状控制的方法能够有效解决这种问题。这种方法可以通过对产品形状在钢带宽度方向的各个位置尺寸探测，并且通过反馈信号进行矫正。

洁净度：清洁钢带需要干净的辊轮、洁净的润滑剂和干净的进给装置。第 10 章会具体介绍洁净度的评价方法。

表面粗糙度：通常意义上来讲，钢板的表面越光滑越好。然而，过于光滑的表面会导致叠片因分子间作用力而紧紧贴合在一起，这会导致叠片工堆在退火过程中抑制气体渗透到叠片层间而造成脱碳处理不充分。为了控制表面粗糙度，最终的冷压轧制过程会使用"织纹"辊轮获得精确的表面粗糙度。

钢带断面轮廓：主要是衡量钢带在宽度方向上的厚度波动程度。这种波动主要有两种表现形式：冠部起拱和边缘塌角。冠部起拱特指相对于钢带中心部位的厚度增加，而边缘塌角特指在钢带边缘 100 mm 区域厚度急剧下降。这种厚度波动对电机叠片制造是最重要的影响因素，如果边缘塌角很严重，会造成如图 4.11 所示的倾斜叠片工堆。

电机叠片的往复旋转使得冲片均匀平整十分必要，但这并非能够轻易实现。当然如果抛弃一定量的边缘材料，这种边缘塌角的影响会降至最低，但这是一个很昂贵的措施。相对于冷压轧，热轧钢带的断面轮廓控制更加容易实现，于是详细的冷热压轧混合方法就显得必不可少。几近完美的轮廓控制是极其昂贵的，因为这

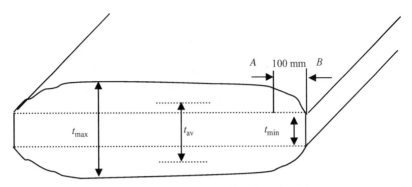

冠部=t_{max}-t_{av}。边缘塌角是指钢板边部A-B区域的厚度发生了改变。
上图显示了厚度变化的程度比较大。

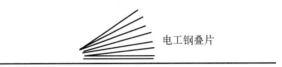

直接用带有锥度的钢板进行叠片，几乎不可能叠平，只有每一片
叠片旋转叠装才能叠平。

图 4.11   冠部起拱和边缘塌角

造成生产中辊轮的磨损严重且更早的需要再次研磨。然而，需要注意的是，苛刻的
形状控制又会造成严重的冠部起拱和边缘塌角；反之亦然。这两个问题有着不同
的原因和不同的解决方法。

4.4   热处理

钢的热处理工艺范围很广泛。热处理工艺的目的也各种各样，如用于冷轧各
步工序中软化钢材（中间退火），用于均匀化固溶元素或化合物，或者用于促进晶粒
的生长。

本书虽然不涉及低合金钢的物理冶金学具体内容，但是会涉及铁与其他元素
（如 C、Si）的平衡相图，并介绍当材料在特定温度加热或冷却时的相变情况。伴随
着热处理中的相变过程会出现材料再结晶，所以优化晶粒尺寸和生长就必须要求
严格的热处理工艺设计。尽管平衡相图能够很好地揭示相变过程，但是实际生产
过程中有限的温度变化速度不可避免地造成与平衡相图的偏差。因此，要获得可
靠的最终产品需要很高的技巧和经验。

4.4.1   全退火的影响

当真空除气制造超低碳钢的工艺还没有应用的时候，冲片后的全退火同样是

一种脱碳退火处理,其中的湿氢气氛会引起钢材亚表面层的氧化,造成磁导率的下降。因此,超低碳钢的全退火只能采用干燥或中性气氛,比如 97% 的干燥 N_2 和 3% 的 H_2,其中 H_2 的作用是去除少量未去除的 O_2。

遗憾的是工厂在采用脱碳退火制造超低碳钢的同时,会造成其本身最优潜在性能的受损。因此,工厂在生产过程中需要平衡成本与优化工艺间的矛盾。

这里必须说明的是,通常意义上的钢指的是铁和碳的合金,所以超低碳钢某种意义上讲是不严谨的描述,然而在生产制造过程中,核心的金属仍然是铁,尽管电工钢的定义也是如此。

4.5 晶粒生长

值得注意的是,大晶粒尺寸会使得晶界数量减少,从而有助于减少功率损耗。优化晶粒尺寸一般有两种控制方法,选择具体的方法类型需要考虑产品的生产成本及其本身的涂层类型。

4.5.1 方法一:长时间、加热、软化

这种方法是指钢经过全链式退火处理时,将其长时间暴露在 1 000℃ 左右以便晶粒充分地长大。经过此工序,无论是在同一生产线,还是在其他涂层工位,钢都将被进行冷却和包覆。此时,电工钢既有粗大的晶粒又进行过退火,已经具备冲压叠片的功能。但是,冲裁过程会在引入剪切应力以及定子齿形部分的切割边缘部分材料比例增大,这都会使得产品性能下降。一般来讲,与生产过程中剪切应力引起的损伤相比,进一步的退火工艺所带来的成本是可以接受的。目前有机涂层可以提高材料的低温冲裁性能,但是在 800℃ 的高温退火工艺却不够理想,所以忽略剪切应力的影响是可以接受的。电工钢材料相比其他材料较软,所以这对于冲裁硬材料的厂商也是一种挑战。

4.5.2 方法二:特定晶粒生长

上文提到众多冲片厂商偏爱冲裁较硬的钢材,那如何判断"软"或"硬"呢?目前全球工业上通常采用韦氏硬度来判断钢材的软硬,韦氏硬度在 140~180 范围的钢材被认为是硬而脆的材料,利于冲裁;韦氏硬度在 90~120 范围的钢材则被认为是软的材料。

如果冲裁脆钢材料的模具用于冲裁软钢,会出现金属拉毛等现象。当 Si 元素掺杂进电工钢中时,材料的涡流损耗将减少,并且伴随电阻率和硬度的提升。因此,方法一制造的电工钢硬度达到了传统冲裁的要求。高硅含量的电工钢一般使用于更大

的电机设备,因为齿部的宽度随之增大并且剪切应力的影响相比减小。纯有机涂层一般多为大型电机设备所需求。一般看来,大型设备的内部冲片主要来源于方法一。

　　考虑到纯软钢对于传统冲裁模具来说材料太软,目前流行的方法是最终将其再进行约 4%～12% 厚度减薄的冷压轧以达到合适冲裁的硬度。这种工艺一般称为“平整道次”或“压延道次”(假设固体体积密度不变,厚度减薄的同时长度增加)。这样的一道最终工序同时又提供了精确控制表面粗糙度的机会,从而保证在叠片工堆批量脱碳处理时气体能够渗透到每层间隙,与此同时能够减少退火时叠片内部的黏结现象。

　　平整道次的应用带来厚度减薄虽然提高了材料的硬度,但是也造成磁性能的恶化,比如能耗的提升以及磁导率的劣化,如此一来,全退火也是必不可少的工序。研究表明,通过压延道次后转化为晶格能的应变能在退火时,会使得晶粒有“爆炸性”生长的趋势。

　　图 4.12 为延伸量与最终晶粒尺寸的关系图,由图可知,超过延伸量临界值后,结果将急剧劣化。

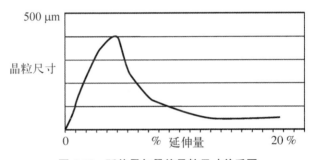

图 4.12　延伸量与最终晶粒尺寸关系图

　　综上可知,压延道次后的退火工艺目的是:

　　(1) 应力释放;

　　(2) 脱碳处理(需通入湿氢);

　　(3) 促进晶粒长大。

　　考虑到冶金成本问题,需要对压延量以及晶粒尺寸进行优化设计。因为压延减薄率有限,一般采用钢板压平机而无须轧钢厂。钢板压平机的工作原理是,钢板在经过辊轮上方时产生的弯曲效应,会造成钢板表面部分受力超过弹性极限而发生塑性拉伸变形,如图 4.13 所示。这台设备所产生的应变能会促使晶粒生长。钢板压平机的辊轮可以采用从动轮形式,让外部拉力拖曳钢带穿过辊轮,或者也可以采用主动轮形式,并且辊轮进给速度可以一致或任意选择。一般来说,钢板压平机会紧接于链式退火生产线后。

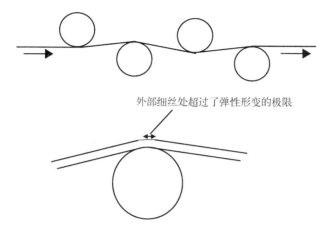

外部细丝处超过了弹性形变的极限

图 4.13　钢板压平机工作原理

4.6　硬度控制

掺杂 P 元素也会提升电工钢的硬度,一般 P 元素的含量在 $0\%\sim0.08\%$ 范围内。过多的 P 元素会造成磁性能劣化。因此,硬度一般影响因素包括:

(1) Si 元素含量;

(2) 压延程度;

(3) 掺杂 P 元素含量。

4.6.1　硬度的概念

由上文介绍可知,"脆"性钢可能是冲裁的必要因素。然而,世界各地生产实际会存在差异。在日本和远东地区,有机涂层的纯软钢的冲裁是最新的技术,并已经过长期实践和研究。在美国和欧洲,尤其是英国,更加偏向于"脆"性钢材的冲裁,并也进行了大量的研究和实践。从历史角度来讲,在美国,随着冷轧以及链式退火的发展,控制特定晶粒尺寸生长已作为提升磁性能的一种方法。事实上,最后的去应力退火结合脱碳处理给生产带来了很大的便利。链式退火工艺中的脱碳能力又成为一项研究课题。最终,真空除气以及超低碳钢的实现解决了这个问题。超低碳钢采用湿气氛退火会造成其本身性能下降。少量地掺杂 Sb 元素会抑制湿气氛退火带来的亚表面层氧化现象,但 Sb 元素又是一种有毒元素,所以这种方法应用得并不广泛。

因此,脱碳处理一般会在以下工序中进行:

(1) 炼钢过程;

（2）链式退火过程；

（3）最终冲裁后退火；

（4）前三个过程的混合，主要由生产厂家及经济成本决定。

实际生产中，将应变能转化为晶体能的工序，除了冷轧工序还有诸如前文所述的压平工序。

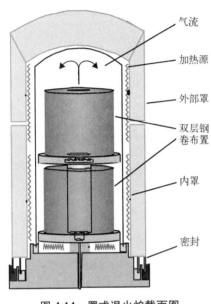

气流

加热源

外部罩

双层钢卷布置

内罩

密封

图 4.14　罩式退火炉截面图

4.7　罩式退火

链式退火生产线一般造价不菲，其实一直以来生产实际中还采用分层罩式退火炉进行钢盘卷的退火。图 4.14 即普通数个钢盘卷进行退火分层罩式退火炉装置的截面示意图。

4.7.1　优点

罩式退火炉占地较小，并且适合于资本不甚充裕的企业。同时，罩式退火炉的空间容量还可以用于大批量其他产品的退火，但是炉内禁止通入大量的特殊气体。

4.7.2　缺点

批量生产的效率较低，因为处理时必须保证要求的温度以及有效的保温时间。过高的温度会使得叠片黏结在一起而报废。整个钢带卷的退火最终特性并非处处统一，如钢卷的外部会处理过热而内部仍欠退火。

罩式退火中脱碳处理并非切实可行（松卷退火的时代已经一去不返了）。罩式退火可以通过设计工艺和步骤确定产品特性的变化范围，并将其控制在可接受的范围内。

4.8　炉内控制

在钢铁生产企业，炉内气氛的控制是一项十分精密的技术。"原材料"一般有以下几种：

（1）干燥的纯 N_2 资源；

（2）干燥的纯 H_2 资源；

(3) 增加水蒸气提升露点温度,并将露点控制在 0℃～80℃之间。

实时在线测量气体露点温度是至关重要的,并需要一系列的商业仪器。通常工业气体的制备是通过电解、常压蒸馏或者分子筛分离。一般来说,钢铁生产企业都会储备有大量的纯净气体。对叠片工堆的热处理所用的气氛会采取下列两种途径之一:

(1) 使用储备的工业纯气;

(2) 使用燃料气体的燃烧产物。

4.8.1　途径 A

途径 A 中的 N_2 一般采用液氮形式购买和储存,H_2 则采用气罐形式。在美国,液氢逐渐变得更易制备和购买。现在有一种设想,即将液氢和液氮按照固定或合适的比例进行混合储存。

考虑到 NH_3 的 N:H 为 1:3,液氨可以成为炉内气氛的主要供应源。工业分馏厂也很便捷地从液氨中制得气体,而且液氨的罐装运输也是十分方便的。另外,各种各样的石油化学产品制备的副产品也能获得大量的干燥纯净 H_2。

上述纯气体有着很低的露点温度,如 $-80℃$,并认为是干燥的。这样的气体十分符合超低碳钢的热处理工艺,当然 O_2 的含量必须保持很低。

4.8.2　途径 B

途径 B 涉及燃料气体的燃烧,天然气、丙烷和甲烷都可作为燃料气体。当人为精确控制与空气燃烧的过程,燃烧产物中会有很多成分,其中之一就是水蒸气,当然 CO 和 CO_2 也包括在内。

这样的燃烧气由于一定的历史原因称为"放热性气体",放热性气体的露点温度控制一般有以下几种途径:

(1) 使其干燥至很低的露点温度(凝固或凝结水)。以超低碳钢为例,这样处理后就可以用于干燥退火而非脱碳处理。

(2) 按照(1)中干燥气体后再加湿直至特定的露点温度。

(3) 直接在燃烧过程精确控制其燃烧产物气体内成分比例。这种气体一般用作脱碳退火处理,同时这种工艺精确度控制也是十分困难的。

4.9　饱和器

图 4.15 是典型的饱和器示意图。图 4.16(a)(b)分别是实验室及工业使用饱和器实物图。接下来的几节将主要介绍饱和器的作用。通常情况下,叠片生产厂家会采用连续分批处理法进行叠片工堆退火。

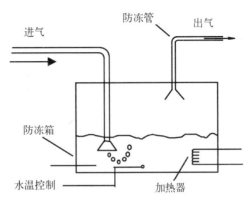

图 4.15　典型的饱和器示意图

(a)　　　　　　　　　　　(b)

图 4.16　(a) 实验室用饱和器;(b) 大型工业用饱和器

　　叠片工堆堆积于如图 4.17 所示的工件托盘上,这些工堆通过退火炉内自然地分成了各个部分。预热阶段会驱除残余的冲裁润滑油,然后这些托盘将整体放入退火气氛中进行加热至 790℃～800℃ 的退火温度,保温时间约为 1 小时。然后工件托盘在保护气氛中冷却至 400℃ 或以下再进行空冷。阶段间的过渡采用窗口模式以保证阶段自身的独立性。

　　该过程需要注意以下几点:

　　(1) 加热和保温过程需要保证中心部分叠片工堆能够有足够的退火时间及温度循环,并且保证暴露最多部分的叠片工堆不会因过热而报废。如果需要进行脱碳处理,则需为保证气体充分渗透而延长保温时间。

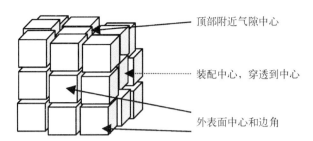

顶部附近气隙中心

装配中心，穿透到中心

外表面中心和边角

图 4.17　叠片工堆的集装：采用如此堆积方式进行热处理会造成
热量及气体难以扩散至整个框架的中心部位

（2）不宜过早进行空冷，防止叠片黏结和铁损升高。

（3）材料表面需有轻微的粗糙度，保证处理气体的充分渗透和减少叠片的黏结，当然严重的粗糙程度会造成叠片系数及磁导率的下降，因为不规则的表面会导致磁通曲线的恶化。叠片工装退火过程中，需要装备热电偶传感器来监测热处理的循环过程。然而，内部通道的操作会造成一定的仪器连接中断，所以需要采用"Squirrel"式结构。

"Squirrel"是 Grant Instruments(Camb)公司的注册商标，但通常非正式的使用不受商标保护。"Datapaqs"是剑桥另外一家名为 Datapaq 公司生产的同类型产品，这是一个安放在叠片工装热处理过程内部单独隔离的数据记录仪。这个数据记录仪参与整个热处理过程并且记录数据，当热处理过程结束后进行冷却、打开及下载数据。Squirrel 和 Datapaqs 价格不菲，植入前需要进行预冷，以防因高温损伤。

叠片层压过程需要以下几个基础要素：

（1）工厂对工艺过程的理解和设计。

（2）设备的维护。

（3）综合广泛的测量设备，如热电偶、气体分析仪、Squirrel 或 Datapaqs、露点温度计。

（4）对工艺过程的数据处理能力，研究工艺过程参数对产品质量的影响规律。

（5）对设备操作人员进行有计划的培训和更新。

如果退火炉的问题没有及时发现并造成事故的话，工厂损失的成本会大大提高，比如产量的供应不足、后续的反复试错校准等。因此适当的基本的预防措施是良好的燃料经济性保证。

精确地控制温度循环保证了良好的燃料经济性和生产效率，尤其能够控制叠片黏结问题。如果出现黏结问题，一些简单的补救措施可以分开叠片，比如机械振动法。另外，合适的涂层可以在保证良好的冲片性能的同时，拥有很好地防止黏结能力。在回顾全退火钢与半退火钢对比的优点后,我们可以发现以下结论。

全退火钢无须进一步地热处理来提高其磁性能。材料本身的晶粒在全退火过程已经完全长大。但是,全退火钢在冲片后会引入剪切应力而造成磁性能劣化,这就需要补充去应力退火。叠片的剪切影响区所占整体比例随着叠片本身的增大而减小,随之,残余应力的影响也减小,比如齿越宽、远离剪切边缘的部分也就越多。脱碳处理并不一定在晶粒长大的退火工艺中进行,一般在产品出厂前完成即可。不管怎样,考虑到成本因素,全退火处理的设备并非是厂家必备的。

半退火钢需要最终一道退火工艺以完成晶粒生长以及可能的脱碳处理,但是这道退火工艺会在冲片后进行,以保证小叠片的最佳性能。因此,这就需要有完成退火工艺的厂家。一般来讲,如果需要调整钢材硬度来保证冲片性能,半退火钢更易满足客户要求(常见于欧美地区),而全退火钢一般拥有较高的硅含量以保证小的涡流损耗,这也造成其本身硬度更大,冲片性能优良。更进一步,小设备的制造商更加注重于铁损的减少,并且较低硅含量的小电机在 B 最大值时,能够提供更高的转矩,因此,他们更加倾向于低硅钢。在现实情况中,设计者必须评估好两种钢能够给电机带来更多优点,最优的结果会涵盖所有相关因素和成本,并反馈到最初设计工作中。

4.10 发蓝

当热钢暴露在含氧、无水或含水的气氛中时,钢铁表面会形成一层蓝色的氧化膜(或者依情况而定产生其他的颜色)。该氧化层是初步涂层的主要成分,并且经常作为退火循环中的一道工序。一般来说,蒸汽需要从外部注入系统中后才会产生发蓝效应。发蓝处理是十分简单并且廉价的处理工艺,但同时它没有涂层工艺较高的可操纵性和生产效率。

简单回顾一下退火的目标:

微观化学成分的均质化、相变控制、晶粒尺寸控制、晶粒取向影响、去应力、平整处理、脱碳处理、硬度控制。

退火工艺方式:

链式退火、箱式钢卷退火、箱式叠片工装退火、连续/托盘退火、网式传送带退火。

气氛形式:

干燥中性成分、脱碳湿气氛、混合气氛。

4.11　本章小结

本章介绍的电工钢生产过程简要总结如下：

电机叠片钢（半退火钢）

初始进料：约 2.0 mm 热轧卷，无硅。

工　艺　过　程	目　　　的
喷丸处理（可能涂油和整边）	去除轧屑，为冷轧润滑和整边
冷轧至中间厚度尺寸	材料减薄厚度，整形
800℃中间链式退火＋脱碳处理（50～60 mpm 脱碳气氛）	再结晶，如需要进行脱碳处理
冷轧至常规 0.65 mm，3%～8%拉延量	达到特定的表面质量，附加腐蚀抑制剂
整边、切割、盘卷	为客户提供最终产品
客户冲片后全退火	特定晶粒尺寸和优化磁性能，去应力

说明：这种钢没有正式的涂层，表面粗糙程度一方面防止其叠片间的黏结，另一方面保证叠片间隙允许退火气氛的渗透。

中等电机电工钢

在上述的过程中增加约 2.0% 的 Si 含量。Si 的掺杂用于提高电阻率而降低铁损。高场磁导率虽然会下降，但是大型机器更加考虑铁损的降低。

聚合物涂层钢（半退火钢-低硅）

该钢种专门设计用于传统感应电机。

初始进料：约 2.0 mm 热轧卷，含 0.25% 的 Si，以及极低的 C、S。

工　艺　过　程	目　　　的
约 1 000℃链式退火、酸洗、涂油、整边	产生特殊要求的热轧晶粒组织，去轧屑，增加润滑
冷轧至中间厚度尺寸	材料减薄厚度，整形
800℃中间链式退火＋适冷轧涂层	再结晶，添加混合有机/无机涂层
冷轧至常规 0.5 mm，6%拉延量	提供合适应变能驱使晶粒生长
整边、切割、盘卷	为客户提供最终产品
客户冲片后全退火	特定晶粒尺寸和优化磁性能，去应力

大型电机叠片钢（全退火）

初始进料：约 2.0 mm 热轧卷，含 3% 的 Si。

工 艺 过 程	目 的
酸洗、喷丸、整边和涂油	去除喷丸轧屑，准备冷轧
冷轧，终厚 0.50 mm、0.35 mm	减薄至最终厚度及平整形状
900℃～1 050℃链式退火＋涂层	再结晶，特定晶粒尺寸，优化磁性，有机涂层（可能混合涂层）保证叠片绝缘
整边、切割、盘卷	为客户提供最终产品

第5章 涂层和绝缘

>>>

为保证电机铁芯叠片的性能,不仅需要抑制其涡流损耗,而且需满足高磁通量的要求,这就要求叠片层与层之间务必有充分的绝缘。合适的涂层应用可以保证叠片层间的绝缘效果。下列各点说明了涂层的必要性:

(1)合适的涂层能够提供更好的冲片性能(低毛刺、长刀具寿命)。虽然含涂层的冲头-刀具润滑机理十分精细和复杂,但是结果很明显,即有机涂层能够大大提高冲片性能。

(2)避免叠片间黏结(阻止金属/金属熔接)。当两薄板紧紧叠在一起加热到500℃以上时,实际金属晶体原子间的互相渗透就会发生,这就导致微焊接的现象发生,而这种现象会使得叠片难以分开,造成涡流增大。

(3)获得特定范围内或高或低的表面摩擦因数。低的层间摩擦因数有助于定子铁芯的人为操作以及叠装。然而,当自黏结叠片压装时,其机械稳定性需要一定的摩擦力。

(4)在铁芯热处理及压装过程中,使用绝缘涂层作为热压装时,铁芯叠片迅速自黏结材料。

然而,使用涂层还有以下几点缺点:

(1)在叠片焊接时,由于气体以及气孔的产生会出现堆焊焊缝/焊珠(见图 5.1)。堆焊是制造叠片堆叠的常用方法之一,涂层内的有机物分解产生的气体

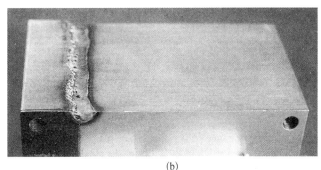

(a)   (b)

图 5.1 (a) 质量好、坏的堆焊焊缝;(b) 带有气孔的焊缝

及气孔几乎对堆叠的物理性能没有影响,仅会影响外观的美感。

(2)如果叠片堆叠需要进行脱碳处理,处理气氛需要渗透到金属的表面,但是某些涂层会抑制气体的穿透效果。一般来说,涂层也会在高温度下变得可渗透。

(3)不恰当的热处理会造成 C 元素的交换。因为有机涂层的高温分解让其成为 C 的来源,但是这种严重的影响极少发生。

涂层需要适应最终铁芯的各种处理及工作条件,如:

(1)多次暴露在 120℃～800℃ 高温环境中。某些电机可能在紧急情况下工作温度会突增到 500℃。

(2)暴露于某些溶剂的腐蚀作用(如密封的冰箱制冷电机)。需要经常性评估制冷剂的变化和更换以减小对涂层影响。

(3)暴露于某些腐蚀性的气氛,如湿气、盐雾等。涂层会随着电机的工况,如汽车、化学厂等,而承受各种不同的腐蚀风险。

(4)振动或磨损。无论何时都需要预防相邻的叠片间的相对运动,保证涂层不被刮伤。

如图 5.2 所示,更宽的叠片会造成涂层上更高的电应力,所以叠片的宽度需要考虑。当叠片宽度达到 100～200 mm 时,涂层对层间电流的影响才很小。第 10 章会具体研究小电机层间电流的影响规律。

图 5.2　最高的电应力点 A 和 B:若 A 变短则 B 的大小会加倍

下列是主要的三种涂层类型:纯有机涂层、半有机涂层和纯无机涂层。

当然,无涂层也代表一种非正式的类型,因为自然的表面氧化层会隔离层与层。表 5.1 简要介绍了这几类涂层的特性及应用。

表 5.1　无取向退火电工钢的 SURALAC 涂层特性

设计	SURALAC 1000	SURALAC 3000	SURALAC 5000	SURALAC 7000
类型	有机物 酚醛	有机物过滤器 无机过滤的有机合成树脂	半有机 含有磷酸盐和硫酸盐的有机树脂	无机物 含有无机过滤和有机树脂的无机磷酸盐基涂层
以前老叙拉哈马设计	C-3	C-6	S-3	C-4/C-5
AISI type (ASTM A 677)	C-3	C-6		C-4/C-5

（续表）

每边厚度范围	0.5~7 μm 20~280 μinch			3~7 μm 120~280 μinch		0.5~2 μm 20~80 μinch		0.5~5 μm 20~200 μinch		
空气中的温度性能(连续)	180℃ 355℉			180℃ 355℉		200℃ 390℉		230℃ 445℉		
插入气体间歇温度特性	450℃ 840℉			500℃ 930℉		500℃ 930℉		850℃ 1 560℉		
耐力情况										
消除应力退火	—			—		—		YES		
烧伤修复	—			YES		—		YES		
铝铸件	YES			YES		YES		YES		
SURALAC ®	1 007	1 025	1 060	3 040	3 060	5 007	5 012	7 007	7 020	7 040
典型厚度/μm	0.7	2.5	6	4	6	0.7	1.2	0.7	2	4
每边/μinch	30	100	240	160	240	30	45	30	80	160
典型焊接	good	spec	spec	spec	spec	exc	exc	exc	good	mod
典型冲片	exc	exc	good	good	mod	good	exc	good	good	mod
表面绝缘电阻(Franklin ASTM A 717)										
每个层压的典型值/ohm cm²	5	50	>200	100	>200	5	20	5	50	100
每边的典型值/A	0.55	0.11	<0.03	0.06	<0.03	0.55	0.25	0.55	0.11	0.06

经许可复制：欧洲电工钢
注：1 inch＝0.304 8 m。

5.1　种类及应用

5.1.1　纯有机涂层

这是一种树脂乳胶类型涂层，并通过辊子将乳液附着于金属表面。这种涂层应用于各成分相遇复合的情形，具有高的层间电压。如图 5.3 所示，略厚的涂层可以掩埋剪切毛刺和阻止微型电子回路。在大型电机中，清漆可辅助减少涡流损耗。这种有机涂层的材料本质可以辅助润滑模具，从而大大延长刀具寿命。

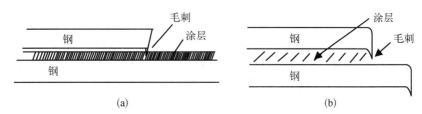

图5.3　(a) 毛刺被涂层淹没；(b) 清漆的优点

5.1.2　半有机涂层

一般来说,该涂层含有有机聚合物树脂和无机材料两种成分。

这种类型涂层会通过水基辊涂法制备,并连续退火炉固化。辊涂涂层过程可以在链式退火生产线后进行,也可以单独作为一道工序进行。

5.1.3　纯无机涂层

这种涂层大部分应用于变压器电工钢,因为冲片过程相对稀少。某些电机要求高温运作,如常态下或者紧急情况下需400℃运作,这就要求使用该类涂层。这种涂层首先通过辊涂法制备,再用约800℃连续退火炉固化。此涂层主要成分为磷酸盐及其他添加物。纯无机涂层的电工钢冲裁需要使用碳化钨刀具,刀具寿命也大大小于其他涂层。

5.2　涂层新技术——打印涂层

几年前我就设想通过使用打印技术来制备涂层,从而节约能源和空间。"墨水"无须自由溶剂的载体,可以省去干燥水基涂层的步骤,于是,原先使用有机溶剂带来的环境污染即可避免,其干燥固化带来的能源消耗也随之减少。给电工钢涂层必须只能是一种颜色,而且其可读性和打印复杂性没有考虑其中。在许多次试验尝试后,成功设计出打印涂层的技术,现在也已充分应用于产品生产。

考虑到涂层配方的商业机密性,该涂层具有一定的神秘感。即使该涂层技术优势很明显,钢材使用者们其实并不太愿意抛弃之前的涂层而选择这种新技术涂层。当涂层淘汰更迭的时候,保守主义的用户才会体会到这种技术物美价廉。为更好地解决这种状况,应该更多地提供关于材料功能属性的定量信息,而不是审美外观。

许多涂层可以通过水基或有机溶剂的载体来进行辊涂。水基涂层需要相对较大量的热与时间来干燥固化。同样地,这种连续烘焙炉可以在链式退火生产线后进行,也可以单独作为一道工序进行。

这样的装置资金成本很高,其能源及空间需求也是相当大的,例如 30～100 m 长的涂层和固化生产线。有机溶剂载体涂层会存在火灾以及环境污染的隐患,现在这种有机溶剂载体涂层生产系统急需新的设施改进。

欧洲电工钢厂(European Electrical Steels)设计并开发了一种涂层技术来解决众多常见问题,该技术即上文提到的打印涂层技术。众所周知,印刷工业长期以来拥有在各种基板(包括金属)上打印的技术,打印的范围从新闻报纸打印到饼干罐身的打印。通过打印技术可以给电工钢提供一个均匀薄层的涂层。固化过程可以直接通过打印后续的紫外线照射过程迅速完成。

这项技术的发展使得"打印＋固化"工艺整合至只有几米长的生产线。如果固化工艺形成一个 U 形循环,实际生产线长度可以进一步下降。如此,这个系统更加紧凑,也更加节能。

紫外线固化过程所遵循的原则是,墨水中包含的合适单体能在紫外线照射下迅速耦合形成聚合物。对于一定厚度的薄层以及合适的绝缘效果而言,紫外线的自吸收可能无法充分满足完全固化整个涂层的要求,因为涂层外层会部分屏蔽吸收的紫外线,而造成内层部分涂层无法完全固化。因此,约 15 μm 的厚度薄层刚好满足要求。

尽管电子束固化可以达到紫外线固化相同的效果,但因电子在空气中能力较小而无法在正常大气压力下工作。高压汞灯是紫外线的合适光源。紫外线的照射会造成一些空气电离从而产生臭氧,这需要在工作区域中补充一个适当的通风系统去除臭氧,防止造成危害。

如图 5.4 所示,实际涂层系统中,会采用网纹辊在相对黏性的树脂表面,形成很多微小的格子或口袋来贮藏"墨水"。这种微小格子的长宽约为 60 μm,深度为 15 μm 左右。"手术刀"会切除格子外部的"墨水"留下填充部分,它通过一个橡胶敷料辊驱动。"墨水"的传输量可以通过网纹格子精确控制,更换辊子可以调整涂层的厚度。目前,涂层的厚度在 0.5～60 μm 范围内。

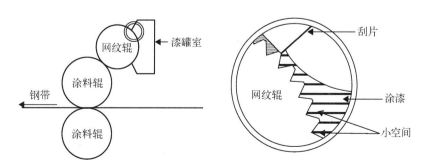

图 5.4　网纹辊系统

如图 5.5 所示,对于特定的涂层以及绝缘值(使用 Franklin 测试仪测量),打印涂层厚度的影响与钢材的上下表面共同作用有关。

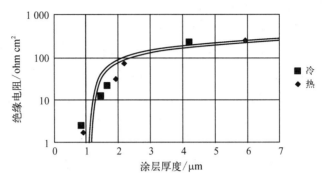

图 5.5　绝缘电阻值与涂层厚度关系

涂层技术的发展是为了生产满足退火处理前后功能无异的涂层,并且不包含有毒的铬化合物。在这方面,打印涂层的试验结果十分具有前景。在打印涂层种类中选择良好的可焊性类型,打印涂层的冲片性能明显优于裸钢。图 5.6 阐述了这一点:它指的是合金钢材料的模具,而非碳钢材料。

打印涂层的空间需求低,能耗低,并且无有机溶剂挥发和含铬化合物,这就促使打印涂层技术前景非常好。

如图 5.5 和图 5.6 所示,打印涂层的电学性能和冲裁性能结果都很优秀。

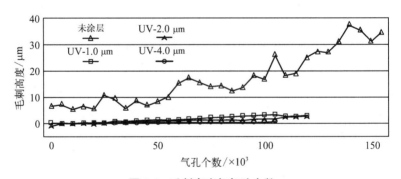

图 5.6　毛刺高度与气孔个数

表 5.1 简述了一些欧洲电工钢厂生产的涂层(现 Cogent Power 公司)。

5.3　着蓝氧化涂层

着蓝氧化涂层的生产已经在第 4 章中热处理和脱碳处理部分阐述过。尽管着蓝氧化涂层提供非常低的绝缘电阻,但这对于层间电动势较低的小叠片来说已经足够了。着蓝表面的钢材耐腐蚀性比裸钢要高,如果叠片着蓝作为最终处理工艺的话,剪切边缘也会受到保护。

如果在脱碳过程中采用炉室注入蒸汽的工艺,着蓝的一致性和程度可以得到很好的控制。轻微粗糙的表面质量,约 $0.6\,\mu m$(25 微英寸),需要保证氧化气体渗透到所有的材料表面(见图 5.7)。同时,这需要脱碳退火处理。但是,在超低碳钢的情形,脱碳气氛是无须注入的,且无须着蓝处理,这是因为着蓝会造成亚表面的氧化。

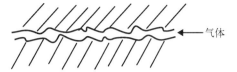

图 5.7 表面粗糙度与气体渗透

在每种情况下生产者都必须考虑相应的材料类型差别及其影响。

超低碳钢尽管更加昂贵,但其无须脱碳处理的特性可以满足各种原料的要求。

5.4 无涂层

有试验表明对于小电机叠片来说,约 20 cm 直径大小,层间电动势十分小,只要不发生材料晶体互相渗透的情形就不会有层间电流的产生。一般来说,这需要粘焊或者压下毛刺。

如果冲片毛刺被清除以及微焊接现象被抑制,涂层的应用就显得没那么必要了。然而,涂层的采用还有助于模具的润滑,防止黏结和提供叠片退火或铁芯装配时叠片的防滑性能。

5.5 辊涂涂层

一般来说,电工钢涂层的制备工序是单独分开的工序。在半成品钢的情形下(此时涂层需用来防止叠片间的黏结),涂层制备前的工序即冷轧。通常情况下,这样的冷轧过程会用水性的润滑剂,并且在涂层工序前进行清洁和干燥。这种涂层前对材料的处理会使成本大大增加。

可以设计一种涂层系统并入链式退火或脱碳处理的终步处理,当钢带从链式退火炉中运出时,材料干燥很适合涂层制备。

这种将已涂层的钢带运至冷压延处理工序时,经过最终的 6%~8% 压延量,涂层材料很可能就被压碎并易在冷却系统凝结成块。然而,经过坚持不懈的试验,可以研发出一种涂层能够顺利通过冷压延过程而不破碎,制成最终 6%~8% 压延量含涂层的产品。与此同时,这种涂层还能应用于抑制冷轧液体的腐蚀性。

现在这种涂层的防腐蚀防锈功能已经在钢铁的运输和仓库储存时得到广泛的

应用。

在长期发展后,该工艺技术已经成熟并得到专利保护。半有机半无机涂层会用于辊涂过程,因为在后续的处理中,无机成分可以保证经受退火,而有机成分可以提高冲片性能及刀具寿命。

5.6　常规涂层分类

目前最为认可和使用的分类方法是 AISI(美国钢铁学会)制定的,具体如表 5.2 所示。复合涂层一般应用于取向硅钢,因为取向硅钢在晶粒取向生长时的硅酸镁表层,部分会生成一层额外的磷酸盐层。但是,这种复合磷酸盐涂层对冲片模具磨损较大。同时,这种涂层的电阻很大,标准的测试表明高于 $10\ \Omega cm^2$。

表 5.2　AISI 涂层总结(美国钢铁学会制定):电工钢的表面绝缘

类　　　型	
C-0	自然氧化,无特殊处理;去应力退火可以提升其性能
C-2	取向硅钢的无机玻璃绝缘涂层;可退火
C-3	瓷釉/清漆,不可退火
C-4	磷酸盐或相近成分,可去应力退火
C-5	C-2 加强版,可中性气氛退火

5.7　涂层和小电机

主要影响和讨论见第 10 章和参考文献[1]。

5.8　冲片性

涂层对冲片性能有着很大的影响。具体会通过第 10 章中的毛刺测量进行介绍。

5.9　抗腐蚀性

在湿润的气氛中,刚轧制过的钢及积极热处理的钢会被迅速腐蚀。一般钢铁在生产的最终步骤时会添加抗腐蚀剂,防止钢铁在存储及运输时水分进入气相腐蚀环境。然而,铁芯叠片的工况可能处于一个特殊的腐蚀环境中。比如,密封的冰箱电机会持续地与制冷剂接触,而且根据《蒙特利尔议定书》要求,溶剂还需要定期更换。

研究人员经常开展大范围的测试来验证材料合适涂层及溶剂电阻。同时,还需考虑冲片过程所使用的水性润滑剂对涂层的影响。

5.10　耐热性

在某些应用中,汽车需要在非常不利的环境或持续超载的情况下,继续操作至少一段时间,如装载军事防火安全设备。虽然通常情况下涂料层的正常耐热温度是室温,但也要求可以长时间承受800℃的高温。在这样的情况下,规格的特殊功能就没有冲片性能重要了。

机器不时地出现故障,经常需要维修。维修通常采取的形式是在高压釜中"燃烧"。

绕组通常被环氧树脂固定在适当位置,并且必须可以被分解以方便后来拆除旧绕组。遗憾的是这一领域并不是所有的运营商都可以做到这般认真。为了减小层间绝缘的损失,芯片不能过热,尤其是无法完全将氧气排出时。

众所周知,当氧气在高于400℃渗透铁芯时,可以促进层间黏结,允许电子流通过。尽管如此,优质涂层的存在抑制了大部分不良影响。

图 5.8 比较了高温"燃烧"对铁芯损耗的影响。参考文献[2]讨论了这个问题。可以清晰地看出合适的涂层在维修情况下是非常有价值的。

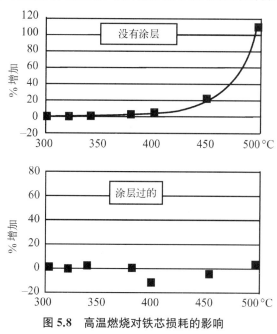

图 5.8　高温燃烧对铁芯损耗的影响

5.11　叠片系数

在大型机器中厚涂层的设计可以隐藏毛刺,尤其是伴随冲压后应用附加涂层,减少了铁芯占用有效空间(叠片系数)。较低的叠片系数降低了芯片空间的高磁导率的优势,并最终提高了铜损,因为需要更多的磁感应电流实现同样的磁通量输出。

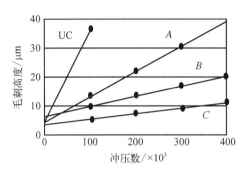

图 5.9　无涂层的钢和三个特殊涂层
A,B,C 的冲压特性

5.12　焊接性能

可以这么说,一个焊缝显示的气孔如同一个完美的焊珠一样保护修复机制[见图 5.1(b)],但是终端用户的这种审美要求可能无法接受气泡焊缝。可提高焊接性的特点(如降低有机物含量)往往损害冲片性,详见图 5.9。

5.13　涂层评价

SURALAC 1000 是一种有机涂层(C-3 类型),具有良好的冲片性能,并且可以通过涂层厚度得到不同的绝缘电阻值。

SURALAC 3000 是一种具有填充性的有机涂层(C-6 类型),具有良好的冲片性能,优秀的绝缘电阻(通过涂层厚度来控制),好的燃烧性和可压缩性能。一般采用厚涂层。

SURALAC 5000 是半有机涂层,具有非常好的冲片性和焊接性。

SURALAC 7000 是以无机涂层为基体,包括有机树脂和无机填充剂(C-5 类型),具有极好的焊接性能、耐热性能和良好的冲片性能。绝缘电阻同样与涂层厚度有关。

为特定的应用选择涂层可能会是一个很复杂的程序,如,一个大型涡轮发电机的扇形齿,小感应电动机的叠片等,因为有价值的涂层规范必须将制造过程考虑其中。如上文所提到的,最终的决定可能是在综合研究涂层性能基础上的一种折中考虑。用户对于真实信息的匮乏使得决策任务更加不容易,如铁芯的层间的电动势/电流。有时,基于传统实践选择的保守态度也会阻碍科学有效的选择。另一方面,在修改长期有作用的规范时也会有所犹豫。

参考文献

[1] BECKLEY, P., LAYLAND, N. J., HOPPER, E. and POWER, D.: 'Impact of surface coating insulation on small motor performance', *Proc. IEE Elec. Pow. App.*, 1998, **145** (5), pp. 409–13.

[2] COOMBS, A., LINDENMO, M., SNELL, D. and POWER, D.: 'A review of the types, properties, advantages and latest developments in insulating coatings on non-oriented electrical steels', Proceedings of IIT Conference on *Magnetic materials*, Chicago, May 1998.

第6章 材料

>>>

根据材料性能及应用场合的不同,材料被分别生产、规格化及应用。

6.1 性能

(1)成分。硅元素含量的范围从接近 0 到最高 3%。一方面,高硅含量能抑制涡流从而降低铁损;另一方面,高硅含量导致硬度增大,生产成本增加。随着硅含量的变化,电阻率及退火硬度也发生变化。硅含量增加会降低饱和磁感应强度 B_{sat},降低高磁场强度下的磁导率。C 元素、S 元素、Ti 元素的含量越低,硅钢的性能越好。脱硫工艺能提升硅钢性能,但会导致成本增加。

(2)厚度。电工钢越薄,有效涡流越发得到抑制,铁芯损耗越低。然而,当叠片的总高度一定时,0.65 mm 厚的电工钢叠片所含的金属重量小于 0.35 mm 厚的电工钢,这是由于界面增加使叠片系数降低的原因导致的。金属重量减小时,有效饱和磁感应强度也随之减小。电工钢越薄,生产成本越高,制造相同高度的叠片所需要的压装力越大。

(3)是否有涂层。在硅钢表面涂覆涂层会增加生产成本。不必要的涂层会降低叠片系数,增加涂层之后可能会导致很难焊接。

(4)热处理的形式。硅钢的完全热处理可以在出厂时完成,也可以在出厂时完成一半,等到冲压之后进行完全的热处理。

(5)硬度。完全热处理及低的合金元素含量会导致材料的硬度降低,如 VPN_{10} 90;同时,当硅含量超过 3%,磷含量超过 0.08%,或者采用硬化冷轧工艺,均会使材料变硬。VPN_{10} 达到 180 也符合要求。(注:下标 10 表示硬度测试时采用 10 kg 的负载。)

6.2 应用

小型电机通常要求采用低成本钢。典型的是,未经过最终热处理的 0.65 mm

厚的非合金不带正规涂层的电工钢。大电机通过采用高硅含量、精确设计的涂层，能获得更优良的性能。超大型电机通常采用硅含量超过 3%、优质表面涂层的电工钢，当层间电动势过大时甚至采用涂漆处理。

6.3　工作条件

转子和定子之间的相互作用力取决于 B^2 的大小，为了达到最佳的比功率，通常采用更高的 B；如果工作中周期性的 B_{max} 值过高，则铁损快速上升，磁导率快速下降。因而，选择合适的 B_{max}，对于提升电机性能非常关键。选择最佳的 B_{max} 要求非常慎重，一般需要买家和卖家双方同意。相对于非合金钢，高硅钢在 B_{max}＝1.5 T（标准测试的磁感应强度）时有更低的损耗，但在 B_{max}＝1.8 T 时，却有更高的损耗。在中等磁感应强度下，高硅钢具有更好的性能；而在高磁感应强度下，高硅钢却表现出更差的性能。在德国，B_{max}＝1.0 T 的测试标准，过去很长一段时间在热轧高硅钢的质量评价上得到了广泛应用，但应用到 B_{max}＝1.5～1.8 T 的工作环境下却不准确。

当采用较粗糙的加工方法来加工高质量（低铁损）的电工钢时，尽管存在性能劣化，仍然能获得性能尚可的末端设备。而采用精细的加工方法，尽管选择的是普通质量的电工钢产品，得到的电机质量也能满足要求，加工成本也许会增加。表 6.1 给出了涵盖材料性能要求区间的典型牌号电工钢的性能，更详细的不同牌号的电工钢的性能图见第 15 章。表 6.1 中提到的高抗拉强度牌号的电工钢，主要用在机械性能要求高的大电机上，同时，为了实现较好的磁通特性，该牌号的磁导率也需要达到一定的要求。

6.4　与磁导率相关的问题

人们希望获得低铁损与高磁导率组合的钢铁，同时经常对于高磁导率具有特别的需求。钢铁生产厂商付出努力提升电工钢的磁导率，而电机制造商并不认可他们的努力。电机制造者认为，定子和转子之间存在气隙，而气隙对于磁路的阻碍在电机中占主导作用，特别高的磁导率对于提升电机质量作用有限，反而会导致制造成本增加。然而，另外的观点认为，如果采用低的磁动势能获得高的齿部磁通，则能够节省铜线，定子中的空间能够得到更好的利用。每个电机设计者对于这个问题都有自己的看法，我认为提高电机的磁导率对于提升电机性能具有非常重要的价值。

表 6.1　欧洲电工钢集团代表性的电工钢牌号产品特性

牌号		厚度 /mm	单位质量损耗* /w·kg⁻¹	单位质量视在功率* /VA·kg⁻¹	硅含量 /(%)	电阻率 /(Ωm*10⁸)	叠片系数	B/T**	用途
取向电工钢：只测量沿轧制方向的磁特性									
UNISIL H	M103-27P	0.27	(0.98)	1.40(1.7,50)	2.9	45	96.5	(1.93)	高效率变压器
	M111-30P	0.30	(1.12)	1.55(1.7,50)	2.9	45	96.5	(1.93)	
UNISIL	M120-23S	0.23	0.73	1.00	3.1	48	96	(1.85)	
	M130-27S	0.27	0.79	1.10	3.1	48	96	(1.85)	
	M140-30S	0.30	0.85	1.13	3.1	48	96.5	(1.85)	
	M150-35S	0.35	0.98	1.24	3.1	48	97	(1.84)	
全处理无取向电工钢：在与轧制方向成0°和90°方向取等量的试样开展磁性能测量									
M300-35A		0.35	2.62	23	2.9	50	98	1.65	大型旋转机器
M400-50A		0.50	3.6	19	2.4	44	98	1.69	小型变压器/感应器
M800-65A		0.65	6.5	14	1.3	29	98	1.73	电机和小马力电机
半处理无取向电工钢：在切割/冲裁后，需要开展退火处理以获得完全的磁特性									
Newcor M800-65D		0.65	6.00	8.6	Nil	17	97	1.74	电机和小马力电机
Newcor M1000-65D		0.65	7.10	9.6	Nil	14	97	1.76	
Polycor M420-50D		0.50	3.9	6.5	Nil	22	97	1.74	
Tensile grades Tensiloy 250		1.60			Nil			1.60	分块式大型旋转电机

* 测量条件：B=1.5 T，f=50 Hz；括号中表示的磁特性的测量条件：B=1.7 T，f=50 Hz。

** 测量条件：H=5 000 A/m；括号中表示的条件：H=1 000 A/m。

6.4.1　磁导率的表达式

在欧洲,磁导率通常用在施加特定的磁场强度下的磁感应强度值来描述,例如,B_{H50}如果在 50 A/m 磁场下的磁感应强度值为 1.5 T,则 B_{H50} 或 B_{50} 是 1.5 T。

在美国,习惯用某个特定磁感应场强度下的 B/H 值来表示磁导率,例如,1.5 T 下的比值,同时,采用老的单位制。例如,5 T 的磁场作用下获得了 15 000 Gs 的磁感应强度,则 $B/H = 3\,000$。这种表示方法引入了固定的磁感应强度,同时也便于记忆。

第7章　冲裁及铁芯叠片影响

>>>

理想的冲裁工艺中,通过输入钢带,能输出和原始材料具有相同磁性能的冲裁件。实际过程中,冲裁加工会带来很多问题。

这些问题将在下面进行描述。

7.1　剪切应力及晶粒变形引起的磁性能退化

为了将钢板裁剪成特定形状的层叠结构,部分金属需要被去除,晶格将发生变形。这个过程将产生冷轧区、闭锁应力区及位错区。这些区域的钉扎磁畴壁使得磁导率降低,铁损增加。晶格变形一般扩散至距离剪切边缘几毫米的区域。当采用锋利的刀具,且模具间隙适当时,加工过程导致的磁性能劣化将会被最小化。冲裁工件尺寸越小,定子齿、晶格变形区的体积所占总工件的比例越大,因此,冲裁过程对于小的冲裁件的性能有更大的影响。

通过采用合适的去应力退火工艺,很大部分的磁性能退化可以得到恢复,如,在800℃的中性气氛中保持几分钟。如果有必要,去应力退火可以和脱碳工艺组合开展。当母材区的原始晶粒通过精细生产得到大尺寸晶粒时,由于冲裁和退火工艺导致热影响区的晶粒存在形式比母材区差,所以并非所有的冲裁导致的磁性能退化都可以得到恢复。图7.1表示冲

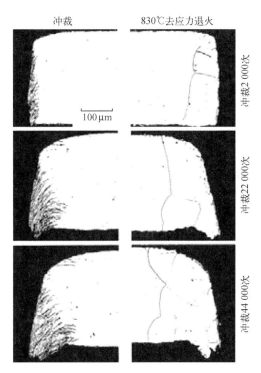

图 7.1　30 mm 的晶粒取向电工钢冲裁边缘截面图(冲裁,830℃去应力退火处理)

裁和退火对于晶粒的影响。

7.2 毛刺的产生

冲裁过程会去除局部区域的金属,不可避免地会在冲裁边缘产生毛刺(见图 7.2)。在由冲裁好的电工钢组成的叠压结构中,冲裁边缘形成的锋利毛刺会穿

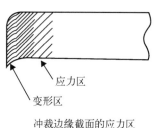

应力区

变形区

冲裁边缘截面的应力区

图 7.2 毛刺的形成

透与之接触的电工钢片。工厂为了去除毛刺及抑制毛刺对于电工钢叠片的影响开展了大量的工作,但这会使制造成本增加。一般来说,当模具间隙适当时,新修补的刀具会产生最小的毛刺。钢材的机械性能与模具之间有最优性能匹配。当采用不合适的模具间隙来冲裁软钢时,金属被拖尾并产生很长的毛刺。

与冲裁质量相关的金属性能参数包括:硬度(VPN)、延展性(发生断裂之前的伸长长度)、抗拉强度(UTS)、屈服强度[在金属中产生一个恒定变形(例如,0.1%)所要求的拉应力]、屈服强度/抗拉强度比、模具中是否存在润滑油、钢材表面是否存在涂层,这种涂层是否有利于获得最小毛刺(有机涂层的钢材易于获得较小的毛刺,无机涂层的钢材不利于获得较小的毛刺)。

叠片冲裁过程体现了大量的技术诀窍,由于涉及商业机密,因此并不在本书的讨论范围中。例如,钨碳模具使用寿命长,但制造成本高。而与该钢材等同的替代产品,成本低,磨损快,更适合加工小批量的定制叠片。

冲裁速度直接与叠片结构的生产成本相关。薄的电工钢具有更优良的磁性能,但为了获得同等高度的定子,需要更多的叠片数。

磁性能优良的电工钢板往往不易冲裁,冲裁工人往往不喜欢冲裁软钢。在钢材被最终软化之前(如回火轧制),开展冲裁加工是一种不错的选择。通过添加辅助的硬化元素,如 P,能够获得更优的冲裁性能,但是,如果 P 元素含量过高,则会导致磁性能下降。冲裁动力学过程受材料的强度极限、屈服强度、屈服强度与强度极限的比值的影响。与这些过程敏感因素有关的操作决定,取决于冲裁管理人员对这部分知识的掌握程度。如果有必要,钢材生产商可以提供最优的磁性能产品。在这之前,一般会与冲裁方面的专业人员沟通,寻找冲裁性和材料性能之间的最佳妥协方案。钢铁生产厂商需要努力使产品容易被大多数冲裁人员加工。小批量的特殊冲裁需求比较难满足。

图 7.3 显示了冲裁过程中,毛刺逐渐增多,涂层特性对于钢材性能产生显著的影响。该图中采用钢制模具冲裁完全无机涂层电工钢。当采用半有机或完全的有

机涂层时,毛刺产生过程会发生减缓。钨碳模具能产生更长的使用寿命,但是会增加成本。其他因素,例如冲裁速度,对于毛刺产生也会有影响;因而,对于非常规电工钢叠片的生产者,需要针对不同的情况,依靠自己对于毛刺形成的经验进行判断。

7.3　形状-稳定性

叠片的冲裁从冶金学的角度来说,是一个破坏性的过程,这个过程的影响因素将在后面进行阐述。

7.3.1　冲裁过程中的非平衡应力

随着无应力平整电工钢带的传送,多层电工钢叠片最终被冲裁而成,在最终的叠片中,设计的圆孔被冲裁成椭圆形孔,定子齿产生了叠片平面外变形,整

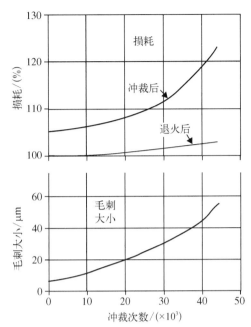

图 7.3　0.3 mm 厚的晶粒取向电工钢冲裁后,退火后的损耗大小、毛刺尺寸与冲裁次数的关系(钢在 3 cm 宽的带材上冲压)

体的定子片向外凸起或朝内凹陷。当冲裁策略与板材性质不匹配时,会加剧这些变形过程。

冲裁工艺包含非常多的技术和意义,而影响冲裁过程精度(如电工钢叠片上圆孔的圆度)的材料参数包括:由 VPN_{10} 表示的钢带硬度,考虑了由钢材成分决定的基本硬度和人为引入未得到释放的轧制应力;存在各向异性的内应力;晶粒大小;表面条件,如是否有油污,是否存在涂层,涂层的种类;钢材的绝对厚度;极限拉伸强度;弹性极限应力;弹性极限应力/强度极限应力。

影响冲裁精度的冲裁参数包括:模具间隙;冲裁速度;模具磨损程度;是否采用润滑;冲裁过程中钢带上施加的约束。

别的参数包括:如果采用了退火工艺,全退火的形式;温度上升速度及冷却速度;叠片中的温度梯度。

目前没有包含冲裁过程各方面因素的综合性手册,很多工艺设计取决于冲裁工作室的经验。钢材提供厂商试图为用户提供所需的工艺参数范围,但由于用户需求的变化,往往只能得到中间路线的产品。如果不是由于钢材的冲裁影响因素涉及商业机密,以及对于产品竞争性的影响,开展这个方面的广泛交流以及详细实

践将会很有趣。

7.3.2　进料钢不平整，或存在应力

如果不平整的钢带（见图 7.4）被送到压机下，不可避免地会出现不平整冲片。当钢带内部存在自平衡的内应力时，冲裁过程会释放内应力，导致冲裁件形状发生改变，如圆孔变成椭圆形孔。关于冲裁、退火以及定子铁芯压装过程中的应力问题，大多数已经得到解决，但部分问题仍然存在。

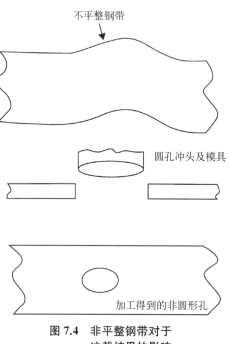

图 7.4　非平整钢带对于冲裁结果的影响

同时，不同压机对于冲裁结果也会有很大的影响。在某一台压机上能得到性能优良的冲裁件，换压机之后却无法得到。建立参数影响冲裁结果的实验结果经验库，经过长期的努力来提升产品的质量显得尤为重要。冲压界目前还没有关于这个话题的非常有影响力的文章。

理想情况下，合理的冲裁操作，能够针对任何优质钢材获得良好的冲压件；良好的钢材，在任何合理的冲压操作中都能获得好的产品。人们已经开始注意到英国/美国的冲裁标准与远东的标准存在较大的差别，期待着在未来的时间里，双方的操作人员能形成以下共识：了解双方的标准能带来更多的便利。

7.4　铁芯装配

定子叠片通常会被装配成定子，然后绕线，最终压装入定子中。合理的装配方法如下：用楔加固、螺栓连接、铆接、胶粘、自锁式连接、在压机中采用激光焊、电珠焊、铸造转子。

图 7.5 为用楔加固技术装配而成的叠装定子片。这种装配方式能避免高温下的损害，如果设计合理，是一种相对温和的铁芯装配方式。

螺栓连接由于需要在定子中打额外的孔，因而目前用得很少。采用这种方式连接的定子易分离，容易绕线。

铆接需要在长的铆钉条的末端采用重的压头进行压装,但如果采用液压装置,仅仅使压装力可控。如果定子齿部的毛刺严重的话,铆接过程会导致大范围的短路电流。

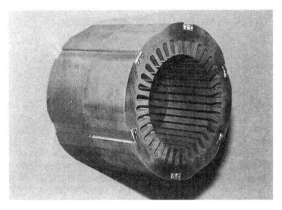

图 7.5　叠装的定子片

胶粘需要在电工钢表面引入一种热固化涂层,加热之后,电工钢叠片会黏结成一个整体。采用胶粘方式需要选择合适的胶层,在固化之后不会引入很大的内应力。新胶层出现之后,有必要通过更换胶层,对比研究不同胶层对于黏结应力的影响。

在自锁工艺中,下一块板中冲出的凹坑,需要被上一块板上的凸起填充满(见图 7.6)。如果凹坑和冲头设计合理,在依次的压应力作用下,片与片之间逐层实现自锁。图 7.6 显示了自锁叠装过程中的金属成形及晶粒演变过程。为了保证自锁工艺的顺利开展,自锁工具必须与合理的材料特性相匹配。

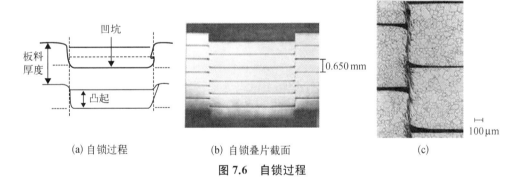

(a) 自锁过程　　　　　(b) 自锁叠片截面　　　　　　(c)

图 7.6　自锁过程

采用激光焊的方式,将刚冲裁出的叠片与已经连接好的整体片连接;或采用电珠焊的方式,将叠装在一起的定子片进行整体焊接。

如果在加热过程中,涂层中会产生气体,则在堆焊过程中可能会形成气孔,这是终端用户所不希望看到的。熔滴的形成速度对于气孔的形成会产生影响。当钢材和涂层发生变化时,需做实验匹配焊机进给速率与涂层特性。

转子模具铸造:当在转子外套上铝合金铸造的鼠笼条时,这个过程也起到了对转子叠片的保护作用。尽管转子中的电流频率很低,在层间涂上绝缘涂层以抑制涡流仍然有必要。由于控制电机速度的功率电子设备的使用,即使电机在正常的速度范围中运转,转子也会更多地暴露在更高频的磁场中。

　　毫无疑问,大家会对各种装配方法的成本及效率感兴趣。在接下来的部分中,将讨论铁芯制造过程中的两个不受欢迎的特征。

7.4.1　叠片间短路电流的产生导致涡流增加,铁损增加

　　两处短路能形成一个完整的涡流回路,如果只有一条焊缝,则会比较安全。然而,如果冲裁过程中齿部形成的毛刺产生了短路电流,则毛刺产生的导通补充了焊接导致的导通,不可避免地导致铁损增加。

　　如果采用焊接固定的方式,则需要采用精细的冲裁来减少毛刺,或在冲裁之后开展去毛刺工艺,同时,在材料表面辊涂绝缘涂层来掩盖较小的毛刺。从第5章参考文献[1]中可知,中等大小的设备的涡流损耗很少有明显的增大,这是由于表面绝缘涂层的阻碍作用导致的。当然,这也与裸板晶粒在毛刺位置处的阻碍作用有关,阻止了大部分的电子流动。同样地,如果转子叠片和心轴之间采用强制装配的方式进行固定(叠片和心轴之间形成短路电流),则在进行转子加工时需要各位注意,防止金属流到叠片之外的平面,产生二次短路电流。尽管转子电流频率相对较低,但同样存在谐波成分,短路电流是不受欢迎的。

7.4.2　应力的产生

　　众所周知,大部分的应力会导致磁性能恶化。唯一的例外是沿磁化方向的拉应力。冲裁过程会导致应力增加,对于半处理钢,退火过程会导致应力释放。定子组装过程中叠片的固定方式值得大家关注。有时候,定子叠片在装入基座之前开展铁损测试,如果这时的叠片刚好开展了退火处理,则将会获得良好的结果。

　　如果定子叠片被液压缸压入组装的基座中,将会引起较大的应力上升。如果定子基座被加入,然后将定子装入基座中,待冷却后实现装配,则会在电工钢中产生较大的沿半径方向的内应力。当定子铁芯和基座紧紧咬住的时候(相对于胶粘固定),接触热阻会减小,然而,当钢中的内应力增大之后,磁性能会明显劣化(需要更高的励磁电压)。一般来说,钢材的性能越优良,对于应力越敏感,如果将高性能的电工钢铁芯采用容易导致电磁性能劣化的方式进行固定,将是一种浪费。

　　从图10.45中可知,电机制造者对电工钢的加工过程,会导致磁性能产生显著变化。由于法规对电机提出了越来越高的能量转换效率要求,对钢处理的每个工艺过程进行评估,保证原始钢材的优良性能传递到最终的电机中,该方式成本效益更好,是对电机制造者的保护。钢铁厂商虽知道材料响应被滥用却无能为力,特别是当市场风气抵制所有增加电机成本的工序时。

第 8 章　高频应用

电工钢一直是变压器铁芯的制造媒介,变压器铁芯是实现电能和机械能相互转换的设备。在电机中,电力系统的操作频率从牵引电机的 $16\frac{2}{3}$ Hz,到大规模的工业或民用的 50 Hz 或 60 Hz。在适合应用的电压范围内,直流电在远距离传输时损耗的能量过大,因而没有被大规模应用。但是,在牵引电机,例如,有轨电车中,主要还是应该使用直流电。

直流电频率降到了 $16\frac{2}{3}$ Hz 来满足牵引电机的要求,由于 60 Hz 的高频下铁损和系统阻抗成为系统面临的问题,因而牵引电机很少在高达 60 Hz 的频率下工作。频率上升时,能使用更小和更轻的定子传递相同的能量流,但由于损耗增加导致了电机效率降低。

随着功率电子电路的出现,能量转换系统中的转换频率,最高可能达到 20 kHz。变压器和电感器主要用在能量转换路径中,分别是隔离电压阶跃以及获得平稳的电流。由于牵引电机对于空间、重量、冷却速度提出了苛刻的范围,需要认真考虑铁损和铜损,保证温升控制在允许的范围内。

在航空航天及其他特殊应用中,电机大小及重量比效率更重要,通常采用的频率为 400 Hz～2 kHz。另外,更耐高温的铁芯材料,例如钴-铁合金得到了应用,在这些场合,成本不是主要的决定因素。

8.1　新兴应用

虽然影响选择 50 Hz 或 60 Hz 高频的因素仍然存在,甚至将在很长一段时间内继续存在,一些重要的高频应用领域已经逐步出现。

8.1.1　电机控制

在电机中使用高频主要有以下两个原因:简易速度控制和高能封装。

8.1.1.1　简单速度控制

在过去的很多年,三相感应电机是驱动机械装置运转的主要能量提供方。只有有限的速度控制方法被提出,包括改变电极,或针对小型电机减少电压。

交交变频器变恒压频比模式,不仅昂贵,而且不易控制。现代工业系统的计算机控制要求平稳速度控制。通常有效的速度范围是小于 50 Hz 或 60 Hz 同步转速,和小部分大于此范围。

激励频率的相对有限的波动不会导致电工钢的需求发生太大的变化,这部分将在后续部分被详细分析。相同的扭矩下,降低转速能减少能量输出,驱动系统的要求与这种模式相匹配。

8.1.1.2　高能量封装

需要提醒大家的是,载流线圈之间的作用力与 B^2A 成比例,其中,A 是线圈面积,B 是主要的磁感应强度。在电机中,力与扭矩关联。由于力×距离＝功,且功/时间＝功率,如果扭矩维持恒定,电机的输出功率将会与转速等比例上升。

$$力 \propto B^2A$$
$$功 \propto B^2A \times S,其中 S = 2\pi r$$
$$功率 \propto B^2A \times S/时间$$

通过提升供给频率,转速能得到明显提升,相同尺寸和重量的电机,能传递更多的能量。然而,当频率过大时,会导致铁损急剧增加(涡流损耗随频率的平方倍增加),铁芯材料的磁导率急剧下降(随着频率升高,磁通穿透变得不完备)。随着有效磁导率的减少,所需的磁化电流上升,由于有效的 B 下降导致扭矩降低。

为了使铁芯材料满足以上需求,可以想办法推迟功率减少和效率降低的时间,而高频下,功率的减小和效率的降低是不可避免的。

8.1.2　交流发电机

能量产生领域的新方向包括生产能够直接由汽轮机驱动的小型交流发电机,这种发电机的最高转速能达到 100 000 rpm。这种发电机中,转子可以考虑采用永磁体式。设计的频率在 kHz 级别,在装到正规设备上之前要求预处理,多相整流及逆变是可行的。输出频率、电压及调控能被通过整流逆变系统中的反馈通道进行控制。在这个应用中,需要考虑的主要是升高的频率引起的变化,并且会比电机控制方式要简单。在这个领域中,有许多值得开展的工作。

8.1.3　磁轴承

尽管基于压力反馈条件检测的油润滑轴承具有良好的保护作用,在新的应用中,要求在高转速下仍具有低摩擦力和高可靠性。磁轴承满足以上要求,关于这种磁轴承工作中的全部理论不在本书的讨论范围内。电机的转轴被平衡磁力维持在某一特定位置。永磁和交流系统都有可能涉及。本质上来说,通过精确检测,及采用控制信号对转轴周围的电磁场的反馈电流进行控制,以实现对转轴位置的精确控制(见图 8.1)。

对于高转速工况下,响应时间应该在亚毫秒的范围内。能够快速而准确地传递电磁力的设备,必须能够快速响应。这就要求具有高的磁流频率。能够满足以上要求的铁芯材料,必须非常薄,以便具有快速的磁通穿透特性和高的磁导率。

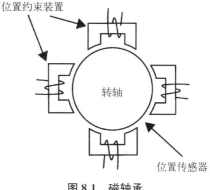

图 8.1　磁轴承

8.1.4　牵引电机

牵引系统中有很多能量处理模式。在机车中通常要求采用矫正或反转的方式。大型的电池充电过程中要求平波和相间电抗器。总的来说,牵引电机设备要求具有鲁棒性,采用强迫风冷,而不是油来进行冷却,将发生火灾的风险降低到最小,还能达到减少设备的大小和重量的目的。

牵引电机的环境保护必须引起足够重视,噪声必须控制在可接受的范围内。采用空冷以及具有磁伸缩特性的铁芯材料使得降低噪声变得更加困难。通过在电感器上绕励磁线圈(一种具有低的高频阻抗的多股线圈)能够减少铜损。或相类似线圈但要求能在高频下使用。

8.2　材料

针对不断增长的高频需求,可以考虑采用以下材料。

8.2.1　传统的电工钢

这些电工钢材料的厚度范围在 $0.23\sim0.65$ mm 之间,电阻率在 $12\sim50$ $\mu\Omega$ 之间(随硅元素的含量而发生变化)。当频率升高到 400 Hz 及以上时,磁滞损耗和涡流损耗都会增加,其中涡流损耗增加更加明显。最终,由于铁损过大,磁感应强度必须控制在 $B=1.0$ T 或更低(见图 8.2)。这将导致铁芯叠片的数量增加,最终导致铜损增加(当铁芯叠片增加时,铜线总长度增加)。

一般来说,频率升高会导致涡流增加,这是因为感应电动势随频率升高而升高

(V_{RMS}=4.4 BnfA)，最终，功率随频率的二次方增加（$w=v^2/R$）。同理，涡流损耗随磁感应强度的二次方增长。因而，

$$涡流损耗 \propto \frac{KB^2 f^2 t^2}{\rho}$$

磁滞损耗由每秒穿过的磁滞环的数目来表示，随频率的 1 次方，磁感应强度的 K_2 次方来表示。

长期使用的斯坦梅茨方程给出了磁滞损耗的计算方程，磁滞损耗＝$K_1 \times B^{K_2} f$，K_1 由材料的性质决定，K_2 等于 1.6。由于 K_2 还没有针对现代材料进行标定，这方面还有很多工作要做。

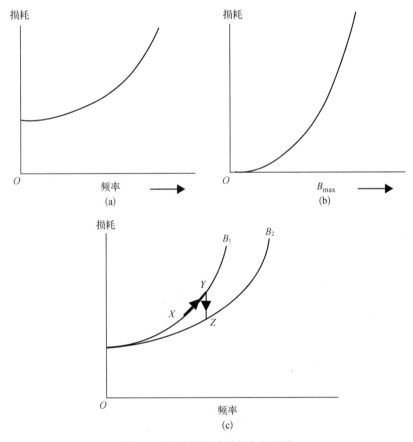

图 8.2   能量损耗的增长变化规律

(a) 随频率；(b) 随最大磁应应强度；(c) 如果 X 是初始的设计点，Y 表示当磁感应强度不变而频率增加时的损耗，Z 表示为了保持铁芯损耗维持在初始水平，而将磁感应强度降低到 B_2。如果采用这种方式，磁通减少将会导致力矩减小，继而导致机械输出减小，增大转速获得的马力增量将会消失。

传统电工钢可能的发展方向主要有以下几个：

（1）厚度减薄。电工钢的厚度被逐渐减薄，朝着 0.05 mm 厚的方向发展。厚度减薄虽增加了生产成本，但能保证在高的磁场强度下具有好的磁导率。磁通特性能得到保证，避免了严重的集肤效应。叠片系数（叠片高度方向上被金属填充部分的比例）下降，从 98%～99% 降低到了低于 90%。由于需要更长的裁剪和装配时间，因而加工成本增加。加工成本的增加导致铁芯的生产成本增加。

（2）增大合金化的比例。硅元素含量的增加能够减少涡流损耗，但当硅含量超过 3% 时，材料的可轧性降低，且由于铁的含量被稀释，高磁场强度下的磁导率降低。如果 6.5% 的硅可以被利用，磁滞伸缩降低到该合金化程度下的较低水准。NKK 采用弥散工艺，将硅钢中的硅含量从 3% 提升到了 6.5%。这种弥散工艺施加在轧制之后。这种工艺的生产成本很高，但磁滞伸缩值很低。

（3）降低磁滞伸缩值。由于牵引电机中的轰鸣声很严重，尽可能地减小材料的磁滞伸缩是有意义的。如果金属的路径长度与机器的共振长度一致，机器振动将会大幅度增加，好的设计应当尽量避免这种情况的发生。

（4）控制钢板织构。目前已经开展了大量的研究来改变电工钢的织构，以获得最优的晶粒大小，降低高频损耗[1]。晶粒太小会带来高的磁滞损耗，但当晶粒过大时，晶粒在较宽的范围内才存在域墙，与域墙快速运动关联的损耗是不利的。在 50 Hz 或 60 Hz 的工作频率下，变压器用钢的晶粒大小应当不超过 5～7 mm 宽，而对于工作在 400 Hz 以上频率的电工钢，晶粒尺寸小于 100 μm 将更有优势。

微涡流与域墙的运动相关联。当磁化向量作用在金属晶格上时，将会产生微涡流。最终，域墙被完全消散。域墙移动越快，则消散越快。晶粒内部的能量条件表面：当晶粒大小增加时，域墙间隔增加，因而在有效的时间间隔内，域墙需要更快速的移动来倒转磁化强度。尽管增大晶粒能减小晶界的阻塞作用，控制晶粒不超过某个特定大小，抑制高速域墙运动带来的损耗，对于提升电工钢的性能有很大帮助。

对于电机用的无取向电工钢，在生产过程中尽可能地增大晶粒是行之有效的方法，这是因为在电机工作的频率范围内，生产过程中很难使得晶粒大到让域墙损耗占主导的程度。而对于高频应用，则需要选择最优的晶粒大小。当前最大的挑战在于组合最优的晶粒大小和最优织构，保证材料特性在板平面的各个方向保持一致，避免出现过多的立方体晶粒的对角线方向沿着板平面的情况。

8.2.2　非晶材料

在非晶材料中，金属呈一个巨大的位错网络状，域墙处于与位置无关的相同的能量状态。这样就避免了晶体材料中常见的针尖点困境，允许域墙光顺滑行，表现出低的磁滞损耗。然而,应力或机械损耗会产生高的磁滞损耗。由于金属的电阻率低,以及非晶的生产方法使得制造薄钢板成为可能,导致非晶材料的涡流损耗低。研究人员在大块的非晶材料的研发上投入了较大的精力,但距离商业生产仍然有很长的距离。

非晶金属厚度薄(如 25 μm),电阻率大(如 $100 \times \mu\Omega \times 10^8$)。这些特性导致涡流损耗降低。然而,高的合金元素含量限制了在高磁场条件下的工作,且磁滞伸缩噪声很高。非晶金属不利于加工,且需要远离应力状态。微晶和纳米晶(不属于非晶)之类的旋转铸造金属得到了越来越广泛的应用,在超过 20 kHz 的频率下运转成为可能。这些材料限制了最大宽度,例如 30 cm,最终只能在低功率设备上得到应用。

8.2.3　钴铁

钴铁具有极好的性能,例如,高的饱和磁感应强度,高达 2.4 T,居里温度高达900℃,在需要有高的饱和磁感应强度和高的居里温度的场合占据了主要的市场。然而,由于成本较高,无法在工业市场中得到广泛的应用。这些产品的应用范围主要从航空发电机到海洋驱动器。

8.2.4　复合材料

不同样式和牌号的复合材料越来越容易得到。本质上来说,复合材料由一团铁磁微粒(铁或硅铁)压紧而成,每个微粒之间被通过氧化自然表面和邻近的微粒隔开,或被黏结的绝缘涂层隔开。

粒子之间的绝缘隔绝形式使得复合材料具有低的涡流损耗,但是粒子之间的磁阻使得需要更大的磁场来产生高的磁感应强度。对于低合金硅铁,磁导率通常会低于 1 000/3 000。然而,复合材料具有填充局部小区域的能力,同时在各个方向上具有相同的磁导率,充分挖掘这些新的特征,给电机设计者带来了新的挑战和机会。

8.2.5　铁氧体

当频率达到了非常高的级别时,铁氧体材料变得越来越受到大家的重视,但由于铁氧体材料的饱和磁感应强度低于其他材料,具有机械脆性,只有在其他材料都无法正常使用的高频范围内,才会考虑使用铁氧体。

以上的非晶、钴铁材料、复合材料和铁氧体,都是从高频应用的角度开展的分析,当其他情况满足时,以上材料都能应用到低频或零频的工况下。这些问题将在第 12 章进行介绍。

8.3　新需求带来的影响

对于某特定大小和重量的电动机和发电机,要求在更高的频率下采用改进的速度控制和能量输出方式开展工作已经足够苛刻了,更大的困难出现了。为了在速度控制系统中获得更高的频率,一般采用脉冲宽度调制(PWM)技术。这种技术采用远高于电源频率的载波频率来驱动电机,通过在占空比下工作,载波从正规的直流电源处获得能量,形成预设频率下的特别的波形。电机供应波形调节方面有很多的策略可用[4]。

快速地将半导体从开切换到关非常有必要,过渡状态非常浪费,且对转换装置也会带来损害,降低系统效率。最终,产生的波形包含大量的快速边缘,对这些边缘开展傅里叶变换可发现一段宽谐波光谱。

这些升高的频率被加载到电机上,电机线圈的电抗阻止了对于大部分快速实施的电压变化的精确响应,但是,在高于设计的基准频率下,电机铁芯中产生了许多微小的电流环路和涡流损耗。实际上,电机被当作谐波滤波器和平滑装置使用。

目前有大量的出版文献研究 PWM 波对于电机损耗的特定影响。这些文献相互之间存在冲突,得出额外损耗的范围从"非常少"到超过 20％ 之间变化。很明显,PWM 或多或少影响材料响应(除了传统电工钢)。

8.3.1　效率

传统的感应电机面临着逐渐增长的节能压力。对于 $10\sim100$ kW 功率范围的电机,效率通常要求达到 90％。电机生产商和钢铁提供商通过共同努力,在不增加成本的情况下将电机效率提升了 3％。同时,欧洲管理机构正在商讨制定严格的法律条款,取缔降低电机效率的做法。所有的这些努力,将会使速度控制电机及新兴的高速电机的发展成为可能。

通常,由感应电机驱动的水泵和电扇采用机械油门调节的方式来减少输出(见图 8.3)。这是一种非常浪费的方式,电机的速度控制是一种更好的选择。采用低效的 PWM 控制的机械油门调节的方法在使用过程中的效果是微不足道的,和这种方法相比,速度控制的方式将会带来巨大的好处。然而,应用到普通的电机上的管理法规,在某个阶段可能会被用到速度控制电机上。

着眼于最大化小设备的输出功率的高转速电机,不一定能够吸引管理者的关注。高速电机运转时钢中的损耗一般不会低,但是系统效率是合意的。表 8.1 对这个问题进行了说明。

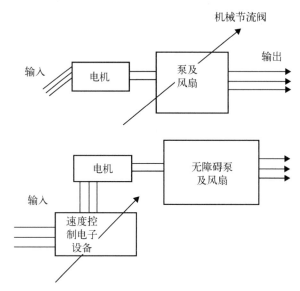

图 8.3   基于电机速度而非节流阀的控制流

表 8.1

工作频率	效率百分比/%	KW O/P	能量损耗/kW	rpm
A 50 Hz	90	100	10	3 000
B 100 Hz	80	200	40	6 000
C 100 Hz	87	150	20	6 000

注：数字为假设的。

A：代表正常的全负荷工况。

B：频率翻倍，则速度也会翻倍，如果扭矩保持恒定的话（输入电压也要求翻倍）。然而，铁芯损耗随频率的平方倍增长，所以，铁损会变成原来的 4 倍，铜损和风阻损耗表现出相同的规律。效率会降低到 80%，但仍然能保证输出功率翻倍的要求。如图 8.2 所示，这种方式不会被采用。

C：频率翻倍，工作的磁感应强度减少到 A 中的 3/4，损耗增量减少，近似为 A 中的 2 倍，效率得到明显提升，输出近似为 2 倍。

8.3.2   塑造铁芯需求

目前，摆在钢铁提供方上的要求几乎没有征询功率电子界的意见。计算机系统的迅速发展使成本得到大幅度降低，和功率处理硬件相比，计算功率可以认为是不受约束的。

在这种条件下，功率电子界尽快生产量身定做的设备，使得铁芯的效率达到最大化，是合理的要求。要求以一种好的正弦波形式提供可变的电压和频率，并且不受高频成分的干扰，是当前的合理要求。

电工钢域响应方面的研究工作的结果表明：恒定的 dB/dt 的斜坡波形或者与之相关的波形,能最小化由于快速域墙运动带来的损耗[5]。

功率电子行业能提供这种输出波形吗？功率电子总需要短期的能量存储,使急促的边缘变得迟钝,形成光滑的基波。对于渐进式开关磁阻的研究能提供借鉴。即使对于圆形电机,当定子被冲成方形时,角落中的金属并不起作用。合适的孔洞,如果被绕线,可以提供有用的开关磁阻。如果在设计时考虑到这种情况,定子线圈则扮演感应能存储设备的角色。

如果功率电子/计算专家、电机设计者、钢铁制造者能开展深度对话,则电机效率能够被优化,而不需等待多年后监管部门的施压。积极设计适合于高频应用的电机显得非常有必要,而不只是将上升的频率应用到普通的电机上。

8.3.3　测试

通过施加正弦波,测试高频下的铁损和磁导率,是长期以来表示钢材的工频特性的方法。如果想用该方法测试钢在高谐波量和高频条件下使用,是极其不切实际的。

也许一种以方波或其他方式加载的电压在 1 kHz、2 kHz 以及 3 kHz 的工况下能够得到较好的应用。如果在工业界各个不同部分大量的测试系统被建立起来之前,在测试标准上能达成一致将是一件非常有意义的事情,当然,这需要在后期开展艰难的合理化工作(见图 8.4)。

当前	sine B	50 Hz 或 60 Hz
可能的	sine B	50~2 000 Hz
	sine H	kHz~nkHz
	被输出的受控上升方波	

图 8.4　测试方法

在过去的一百年里,软磁材料作为变压器、电动机、发电机等产品的铁芯材料,采用的磁通的波形,尽管不完全是正弦的,已经非常接近正弦,并被作为商业测试的参考条件。这类测试主要被用在购买和销售时对产品进行分类,而不是为了获得最准确的曲线。满足更精细的测试条件的系统,要求正弦条件的波形更容易及更廉价地获取,例如,采用负反馈放大器。

低价逆变器出现,使得电机在宽频范围下工作成为一个趋势,动机如下：

(1) 开展速度控制,使泵和风扇能够采用感应电机速度控制的方法进行调节,而不是通过节气阀的方式调节(非常浪费)。

(2) 能够达到超过 50 Hz 的高频同步转速,能够获得更高的单位体积/重量的同步转速。这使得电源频率达到 kHz 的级别。

8.3.4　逆变器的类型

　　低价逆变器能提供高频率和可变频率激励,很有吸引力。可惜,工业界往往趋向于选择最便宜的,而不是最适用的逆变器。电机的输入波形是由半导体开关产生(半导体在非"全开"或"全关"模式下具有较差的性能),半导体开关几乎没有考虑使用带衰减的快速边缘波形所带来的影响。脉冲宽度调制技术拓宽了半导体运算的适用性,通过收集未被处理的近似信号以获得高频输出,而不考虑其带来的负面影响。

8.3.5　脉冲波形的负面影响

　　(1)通过对快速边缘进行傅里叶分析发现,开关边缘具有强的谐波效应。这将在电机铁芯中产生强的涡流边缘,增加铁芯损耗。遗憾的是,由于泵和风扇控制得到改善而带来的系统效率提升具有非常大的诱惑力,而遮盖了这种方式引起的电机效率降低。当大电机使用高电压电源时,例如几千伏,逆变器中的半导体必须在链条中采用共享电压的方式。通过对电容的精确使用,将分散的信息桥接起来,设备的近似算法产生准确的序列,这些措施使设备能输出良好的正弦波。这些措施可以在小型电机上得到应用。然而,由于这会导致成本增加,因而很少有公司愿意开展这些工作。

　　(2)电源线谐波污染的存在,导致分布式变压器中的铁损增加,这需要通过估值下调的方式来进行处理(铜导线中的铁损也会同步增加)。制定限制电源污染的法规很有必要。

8.3.6　测试

　　很明显,正弦波测试无法获得脉冲条件下全部材料行为,因而对于材料的选择变得非常困难。一些测试要求考虑脉冲响应。每个电机的运转工况不同,因而需要加载大量的波形和频率开展测试。很有可能,如果选择一种任意的波形,然后将波形依附于像是定义了上升和下降时间的方波电压,虽然结果不能代表每一种工况,但能提供比正弦波更好的指导作用。留下了很多未经调试的非正式的测试系统,这些系统在后续很难被标准化。

　　众所周知,铁芯中的最小的能量损耗,能够采用非正弦的磁感应强度波形获得。例如,恒定的 dB/dt,斜坡上升斜坡下降的波形效果好,形状容易被调整而获得最小的铁损。"方波测试"是一种不严谨的表述,它的意思是"来自良好的校准源的方波电压"呢,还是"在金属内流动的输入通量近似于方波模式",或"采用了方波磁化电流"?

由于环路电感的存在(当磁化强度发生变化导致磁导率发生变化时,环路电感也随之发生变化),方波加载电压能产生近似斜坡形状的磁感应强度波形。需要定义的参数包括以下几个:频率,实时值;B_{max}值;来自调制源的加载波形(电感、磁化线圈阻抗等);预期的电流波形;波形的上升-下降时间约束;铁损和磁导率的定义,这些将从测量系统中推导得到;试样和测试装备表单。

8.3.7　测试开展

为了能够顺利开展测试,需要和以下对象进行协调:频率,实时值;B_{max}值;逆变器设计者和半导体开发人员;法规制定当局;熟练了解设备运转条件的研究人员;标准体。

开放式问题包括:通过自身性能的改善或法律的推动,便于操作的低污染的系统,在将来能得到广泛的应用吗? 最低的初始花费在将来仍然会支配人们的选择吗? 如果 IEC 建立了一个包含特定人员的讨论组,促进电机向前推进的路将变得更加清晰,这将有可能影响电机的发展路线。

8.4　回顾和展望

设备朝着更高的频率以及更高的谐波分量发展的趋势,给传统的实体钢带来了巨大的挑战。为应对这些挑战,电工钢的厚度更薄,表面将会更加光滑,从而使得叠片系数最大化。非常薄但有效的绝缘涂层将得到应用,这是由于高频带来了相当高的层间电压。合适选择的合金含量能增加电阻率,同时保证高磁场下的磁导率维持在较高的水平。

冶金方面的挑战在于优化晶粒大小和最终的材料织构。尽管替代铁芯的材料逐渐加快出现,实心钢的优势使得铁芯在未来仍将最受市场关注。

当前是开展功率电子专家、钢材生产厂商、电机设计人员、变压器设计人员之间沟通的非常好的时机,通过交流,能够促进当前对于电机的绿色需求尽快得到实现。

参考文献

[1] TANAKA, T. *et al.*: 'Effect of metallurgical factors on the magnetic properties of non-oriented electrical steels under PWM excitation', *J. Mag. Mat.* 1994, **133**, pp. 201–4.

[2] PERSSON, M.: Seminar on magnetic materials based on powder metallurgy, 4 February 1999, Inst. of Physics, London.

[3] KRAUSE, R. F., BULARZIC, J. H. and KOKAL, H. R.: 'Advances in a soft magnetic material for AC and DC applications', seminar on magnetic materials based on powder metallurgy, 4 February 1999, Inst. of Physics, London.

[4] BOGLIETTI, A., FERRARIS, P., LAZZARI, M., and PROFUMO, F.: 'Iron losses in magnetic materials with six step and PWM inverter supply', *IEEE Trans. Mag.*, 1991, **6**, pp. 5334–6.

[5] BECKLEY, P. and THOMPSON, J. E.: 'Influence of inclusions on domain wall motion and power loss', *Proc. IEE* 1970, **117**, pp. 2194–200.

第9章　有限元设计方法

9.1　简介

设计旋转电机时需要知道铁芯或永磁体产生的磁动势分布,这样才能得到转矩和其他电机性能参数。传统上,是将设计者丰富的经验以及电工钢和其他材料的已知属性集成到计算机程序和专家系统中来辅助设计。这种处理方法很有效,但需要考虑新型材料的性质或电机设计有新的性能要求时,它可能不是最佳方法。永磁体越来越多地使用以及利用多脉冲逆变器合成的可操控电流波形,给电机设计提出了新的挑战。

与电磁学有关的物理现象可以通过一组偏微分方程来描述,这组方程可以描述电机的结构和它的工作方式。使用一般方法求解时,材料的一些性质会使得这些方程的显式解难以得到。

这些性质是:

(1) 磁性材料的 B-H 曲线呈非线性,而且存在磁滞现象。

(2) 钢磁导率在三维空间变化。

(3) 电机结构通常是不连续的,比如存在气隙,高磁阻的界面,横截面积变化非常大。

(4) 不连续处的退磁现象非常严重。

(5) 磁性材料的性质和频率相关(因此也和时间相关),所以趋肤效应等现象会使电工钢的通量放大性质失真。

(6) 有限元法(FEM)是求解电磁问题的手段之一。这一章我们将讨论有限元法在电磁设计中的要点,包括方程的求解和它们的实现。如果想要更深入地了解有限元法,可以继续阅读参考书目中的书籍。

9.2　有限元法

有限元法是将最初的求解域划分成一组子域(单元),在单元上运用基于插补原理的数值方程,然后寻求一个最优的数值解。

早在 20 世纪 50 年代,有限元法就第一次运用到结构分析中,随后又被运用到热传导和流体问题中。1970 年,Silvester 和 Chari 等学者发表了一篇题为《Finite element solution of saturable magnetic field problems》的文章,文中他们提出了一组求解复杂几何形状和非线性电磁问题的方程,这篇文章开启了应用电磁学领域的新纪元[1]。现在,他们对有限元法的发展所做出的主要贡献也被广泛应用到电气工程中。

实际上,有限元法是一种数值方法,使用简单、灵活的数据结构来处理大尺寸、复杂问题。为了离散求解域,需要选择单元的形状。目前使用的单元形状有三角形、四边形和曲线形[2]。单元类型是根据它们的形状和多项式插值函数的阶数来定义的(方程描述单元结点值的变化)。图 9.1 说明了网格的构造和不同网格大小的影响。

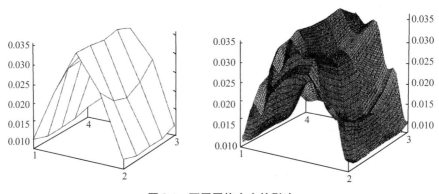

图 9.1   不同网格大小的影响

9.2.1   有限元公式

有限元公式不是按照电磁场的形式来描述电磁规律,事实证明,用场方程中的势来描述电磁理论更方便。场方程用旋度 ($\nabla \times$) 或梯度 ($\nabla \cdot$) 表示。

在任何三维空间中,矢量 b 有这样的性质:

$$\nabla \cdot (\nabla \times b) = 0 \tag{9.1}$$

在电磁设备中,麦克斯韦方程组为

$$\nabla \cdot B = 0 \tag{9.2}$$

$$\nabla \times H = J \tag{9.3}$$

其中 B 为磁感应强度,H 为磁场强度,J 为电流密度。

因此,磁矢势 A 可以定义为

$$\nabla \times A = B \tag{9.4}$$

同静电场中电场强度与外加电压的关系 ($E = -\nabla V$) 相类比,磁标量势 ψ 可以定义为

$$H = -\nabla \psi \tag{9.5}$$

因此,麦克斯韦方程可以写成磁势 A 和 ψ 的形式,通过求得这些磁势的解来计算 H 和 B。

利用计算机程序求解为有限元制定的方程。虽然现在计算能力已经大大地提高,但是计算能力仍然制约着大型三维模型的计算。因此通常会优化有限元公式快速求解。通用的策略是将问题域分解成不传导和传导两个部分,然后在每个部分使用最优场变量。通常在不传导的部分使用磁标量势,这是因为磁标量势更经济,每个节点只需要一个变量,而磁矢势需要三个变量。

有多种磁标量势,当不考虑电流时使用全磁标量势 ψ 是最优的,简化的磁标量势 ϕ 允许在磁标量势区域有电流。全磁标量势 ψ 由公式(9.5)定义:$H_T = -\nabla \psi$,简化的磁标量势 ϕ[3] 定义为:$H_T = -\nabla \phi + H_S$。这里 H_T 是总的磁场强度,H_S 由下式定义:$\nabla \times H_S = J_S$,J_S 是电流源的电流密度。

基本方法已经扩展到允许强行励磁[4]和自动分割以解决多连通问题[5]。两种磁标量势最后都会产生一个拉普拉斯算子方程:

$$\nabla \cdot \mu \nabla \psi = 0 \tag{9.6}$$

涡流区必须用矢量变量来描述。现在最常用的是磁矢势 A,定义为 $\nabla \times A = B$:

$$\nabla \times \left(\frac{1}{\mu} \nabla \times A \right) = -\sigma \left[\frac{\partial A}{\partial t} \right] \tag{9.7}$$

当假定 $\nabla \cdot J = 0$,便可以得到第 4 个方程:

$$\nabla \cdot \sigma \left(\frac{\partial A}{\partial t} + \nabla V \right) = 0 \tag{9.8}$$

上面的 V 是电动标量势,并不总是需要。在整个问题中,变量 A 和 ψ 可以很方便的耦合[6]。需要注意的是,还存在很多其他的公式。最重要的是 T - Ω 法[7]。这里的矢量 T,是在传导区域定义的,但与非传导区定义的一个磁标量相互耦合。

目前在二维问题中,磁矢势 A 是最常用的变量。这样就产生了一个泊松类型的方程:

$$\nabla \cdot \sigma \left(\frac{\partial \boldsymbol{A}}{\partial t} + \nabla V \right) = 0 \tag{9.9}$$

9.2.2 材料属性

当线圈缠绕在铁磁材料的铁芯上时,产生的磁场极大地加强,可以通过关系式 $B = \mu_0 (H + M)$ 来描述,其中 H 是由安培定律产生的磁场,μ_0 为真空磁导率,M 是由铁磁性材料产生的额外磁场。

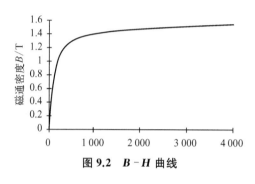

图 9.2 $B\text{-}H$ 曲线

较 M 而言,电机设计人员对 B 更感兴趣,因为 B 是由 H 的函数和材料各向异性等复杂的矢量组成的,它很难量化。需要特别说明的是,B 表现了磁滞特性,并且是和方向、时间相关的。

B 和 H 的关系可以用图 9.2 中的曲线近似表示,曲线先以较陡的斜率上升,然后斜率变得平缓,最终趋向饱和。

9.2.3 磁化曲线用于有限元方案

通常在有限元法中使用的是平均磁化曲线,这意味着不能描述磁滞等效应,$B\text{-}H$ 曲线是单值单调的。如果在一系列的操作中,铁芯的磁导率不能当作常量的话,那么方程将呈非线性。这些非线性方程可以通过简单迭代或牛顿-拉夫逊等标准方法进行数值求解。

一般地,平均磁化曲线可以通过标准方法由 $B\text{-}H$ 曲线计算得到。实际中 $B\text{-}H$ 曲线很少直接使用。在磁标量方程中,比如公式(9.1),磁标量被定义为 $H_T = -\nabla\psi$,在控制方程的 μ 表达了磁化信息。由于在非线性问题中,最初的 μ 值是不知道的,所以需要进行迭代求解。这包括公式(9.1)的反复求解和每次迭代中 μ 值的更新。

步骤是先通过公式 $H_T = -\nabla\psi$ 求得 H,然后通过 $\mu\text{-}H^2$ 曲线求得 μ。牛顿-拉夫逊方法需要知道 $\mu\text{-}H^2$ 曲线的斜率。

相同的方式,如果我们处理的是描述磁矢势的控制方程,比如公式(9.9)或公式(9.7),因为磁矢势由公式 $\nabla \times \boldsymbol{A} = \boldsymbol{B}$ 定义,控制方程中磁化信息通过 $1/\mu$ 体现,需要知道 $1/\mu\text{-}B^2$ 曲线。此外,如果使用牛顿-拉夫逊法求解,还需要知道 $1/\mu\text{-}B^2$ 曲线的斜率。各种曲线的光顺程度对各种非线性求解方法是否收敛很重要。光顺度会影响收敛速度,极限条件下甚至不会收敛。

为此,将磁化信息存储到计算机中时需要以某种方式保证曲线光滑。用各种各样的曲线拟合方法表示测量数据，这些方法包括：三次样条函数（最常用的方法）、三次 Hermite 多项式、指数函数。除此之外，一款好的有限元软件通过测量的 $B - H$ 数据，允许用户很方便地获得（或者自动生成）$\mu - H^2$ 曲线和 $1/\mu - B^2$ 以及和它们相关的曲线。

　　对一些基本材料比较详细的介绍可以从文献[8]或文献[9]中找到，文献[10]会有更详细的介绍和一些实例。

9.2.4　磁滞和铁损

　　一些新的进展包括将磁滞效应引入到有限元模型中，这些不同的表示方法包括 Preisach 模型[11,12]和图解法[13]，半解析法也有用到[14]。

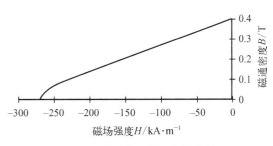

　　铁损可以通过时间瞬态分析，对每个单元中产生的磁场进行傅里叶分析，根据制造商提供的铁损曲线计算损失等一系列近似方法求得。通常这些曲线都是损失与 B 的峰值和频率之间的关系，所以也需要进行插值[15]。永磁体使用的是 $B - H$ 平面内的第二象限中的曲线，如图 9.3 所示。

图 9.3　永磁体：第二象限特性

　　使用时，永磁体将沿着 AB 线运转，可能会出现轻微的可逆循环。相对磁导率 μ_r 又称作相对可逆磁导率。

9.3　电磁 CAD 系统

　　现在，使用有限元方法数值求解电磁场方程一般都由快速、强大的通用软件实现。绝大多数有限元软件都是开发成面向通用电磁系统，而不是面向问题。这些系统被称作电磁 CAD 系统（CAD：计算机辅助设计）。电磁场仿真器或者有限元软件也是指的这些系统。

　　绝大多数用于数值分析电磁问题的 CAD 系统都基于有限元法，这种方法灵活、可靠，并且有效。

　　在研究、开发、设计中，有限元软件是一种非常强大的工具。仅仅使用一台个人计算机就可以分析大量不同几何形状、不同工况问题，而不需要构建物理原型。此外，大部分情况下，不论几何形状有多复杂，也不论材料是否非线性的，数值仿真能可靠准确地计算出设备的行为。例如，永磁电机中，有限元可以准确地分析各种形状和材料的影响。没有必要计算磁阻、漏磁系数、可逆曲线上的操作点。把退磁曲线加到有限元软件中,可以计算整个电机的磁感应强度的变化。此外,能够准确计算出枢反应效应和转子位置改变时转矩的变化,是有限元相对其他分析方法的一个重要优势。

9.3.1　有限元计算步骤

一般绝大多数有限元软件在创建电磁模型时有共同的步骤,这些步骤如下:

第一步,预处理。在预处理阶段,首先需要画出设备模型。可以在有限元软件中画,也可以从其他的画图软件导入到有限元软件中。只需要画出设备中的活跃组件,一套活跃的组件指的是磁路中的一部分,需要从实际单位长度出发,并且给每个组件分配材料属性。

通常会有一个材料库包含各种各样材料属性供设计者选择。这个阶段必须定义线圈中的励磁电流、线圈匝数和永磁体的性质和方向。这之后,对定义的几何模型进行网格划分。通常会有一个自动网格生成器将整个几何模型划分成一个个均匀的网格模块。用户可以对感兴趣的部位进行网格细分以提高计算的精度。这个阶段还要合理设置边界条件,尽量减小模型和帮助求解。

第二步,求解。在这个阶段,有限元程序开始自动求解在预处理阶段制定的场方程。用户需要为给定的设计选择合适的求解器。求解器根据分析的类型来选择,在电磁设计中主要有三种类型的求解器。

(1)静磁分析:这种求解器主要分析已知电流场内部或周围的磁场分布,或者磁性材料存在的情况下永磁体内部或周围的磁场分布。磁性材料可以是线性或者非线性,各向同性或各向异性。最后求得的结果与时间无关,或者是时变场中某一时刻的磁场。

(2)谐波分析:这种求解器适合激励源按正弦变化、需要考虑涡流和趋肤效应的设备。激励源假定按照某一给定频率的正弦规律变化,用复杂的相量来表示。

(3)瞬态分析:这种求解器用来分析任意电流形状和电压响应的设备,或者分析瞬态激励或运动对模型的影响。它求解磁性材料中随时间变化的磁场,材料可以是线性或非线性。

第三步,后处理。求解器输出的结果通过处理可以得到想要的参数。用户可以处理结果得到转矩、电感等参数。大多数有限元软件提供图形表示的功能。通量或者通量密度可以绘制出来或者通过云图的形式展示出来。

基于上面提到的步骤,大多数通用有限元软件可以用来分析特定的电磁设备,如电动机和促动器等。

下面将通过一台永磁电机的实例讲解如何按照上面介绍的步骤进行有限元建模,如图9.4所示。

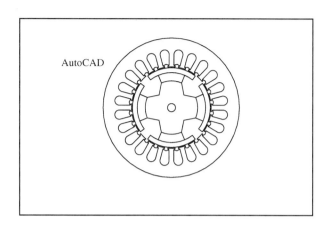

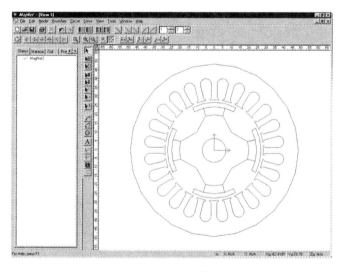

图 9.4　CAD 模型导入到有限元软件

1）预处理

几何模型可以用 AutoCAD 软件画，然后导入到有限元软件中。也可以直接用有限元软件自带的画图模块画。

为电机中的每个组件分配材料属性，比如定子铁芯和转子是不同的磁性材料。设定永磁体材料和它的磁化方向。设定定子的缠绕方式和激励，如图 9.5 所示。

使用网格自动生成器对整个几何模型进行均匀地网格划分，在感兴趣的部位进行网格细分。例如，在磁头尖附近进行网格细分来准确计算磁通泄漏，如图 9.6 所示。

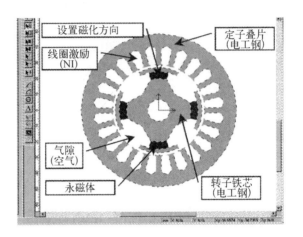

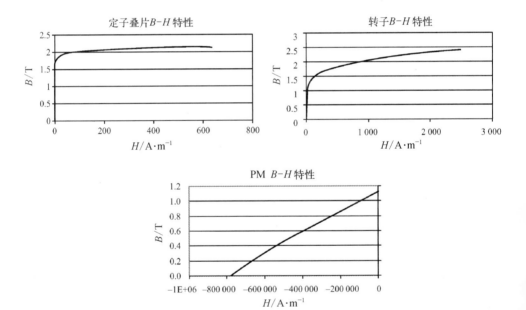

图9.5　有限元模型准备

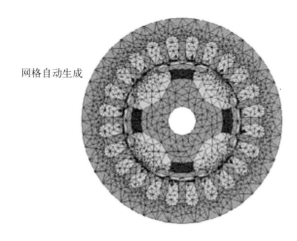

网格自动生成

网格细化前

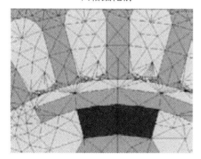

网格细化后

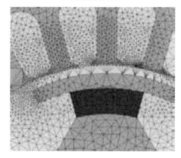

图 9.6　网格细分

2）求解

有限元软件会自动地求解上面步骤定义的模型。用户需要使用正确的求解器。这个例子中，可以用静磁场求解器，因为要求解磁通分布和磁化水平，如图9.5所示。

3）后处理

这个阶段可以访问计算结果。可以绘制模型整个区域或某个特殊部位的磁通分布和磁感强度。可以检查饱和效应。计算求得不同饱和程度下的感应系数、磁通量、转矩等电机参数。有限元求解结果如图9.7所示。

9.4　总评

是否选择使用有限元，一定程度上取决于工程师所在部门的大小。只有大型部门才有钱聘请和供养一个有限元专家（或者多于一个）来设计内部软件。而且，完成所有的工作需要高昂的经费和很多次努力才能到达想要的水平。如果一个人

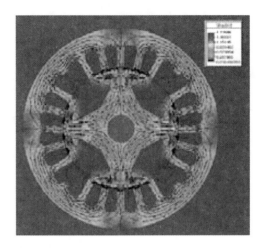

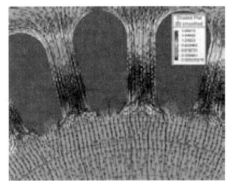
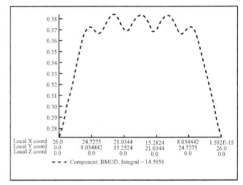

图 9.7　有限元求解结果

对有限元工作有相当大的兴趣,也许采取一种中间的方式可以提供更大的帮助。

支持地方产业的大学院系,比如 SMEs,可以提供一些有限元工作的帮助。现在,由于用户友好性,高级计算机语言得到了广泛的使用。自己动手的有限元软件正在普及。两到三天的课程培训就可以为潜在的有限元用户提供一个合适的起点。

单独的通过计算机从头开始设计不能将系统中重要的特性考虑进来。通常根据经验设计一个粗略的模型更有成效,请注意它是可信的。然后通过有限元法来改善和优化设计,运用价值工程来产生最佳的设备。

作者喜欢这样的顺序:

设计,粗略测试,通过有限元改善和优化。

先在计算机上做完所有的事,然后再构造。

通常组件是对称的,采用 1/2,或 1/4 模型就足够了。或者二维平面的结果可以无限延伸到第三个方向上,如图 9.8 所示。

对由各向异性电工钢构建的结构进行分析时,材料的非线性、磁滞现象以及与频率相关的属性导致结果不尽人意。这时经验是最好的指导,它告诉我们在结果不失去有效性的前提下可以在多大的程度上进行近似。比如,在适度的应用领域内,预测电工钢中 2.5 T 的地方的计算结果是值得怀疑的。

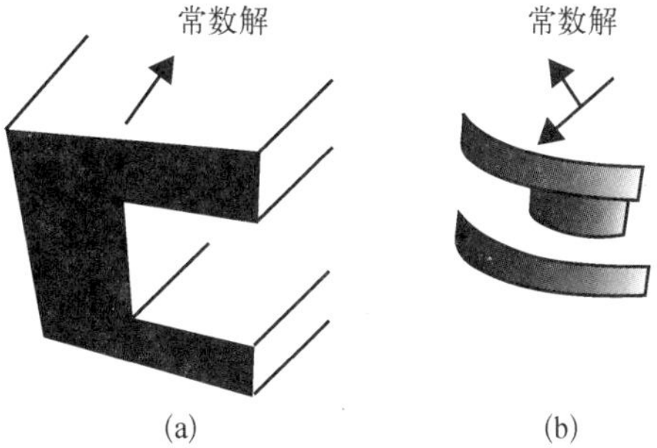

很多计算机结果都用错误的颜色

图 9.8 (a) 平移几何模型;
(b) 旋转几何模型

表示,这极大地导致了对信息的主观理解。价值工程要求更大的圆角、更容易冲压的形状等。金属块上哪里可以安全地钻一个螺栓孔?

9.5 有限元的前景

有限元分析设计可以极大地减轻获得最佳新钢种的任务。它可以为冶金学家提供最理想(经济?)的冶金性能指标。

工程师设计一台新的设备时,可以分别测试旧的和新的电工钢,然后看如何从中选择最好的。不可避免的,电工钢的性能会在生产过程中存在波动,有限元可以分析这种波动对电机性能的影响。

随着计算能力的提高,可以在实时观察结果的时候改变输入的材料属性以及几何和时间约束,而不是一个计算结果又一个计算结果的等待。

软件来源:

Vector Fields Ltd.

24 Bankside, Kidlington, Oxford OX5 1JE, UK

Tel: +44 (0)1865 370151

Fax: +44 (0)1865 370277

Internet: http://www.vectorfields.co.uk/

Infolytica Limited

68 Milton Park

Abingdon, Oxon OX14 4RX, UK

Tel: +44(0)1235 833288

Fax: +44(0)1235 833141

Internet: www.infolytica.com

Laboratory offering developed problem solutions:

Wolfson Centre, School of Engineering,

Cardiff University, The Parade, PO Box 687,

Cardiff CF2 3TD

参考文献

[1] SILVESTER, P. P. and CHARI, M. V. K.: 'Finite element solution of saturable magnetic field problems', *IEEE Trans. Power Apparatus Syst.*, 1970, **89** (7), pp. 1642–50.

[2] ZIENKIEWIEZ, O. C.: 'The finite element method in engineering science' (McGraw-Hill, London, 1977).

[3] SIMKIN, J. and TROWBRIDGE, C. W.: 'On the use of the total scalar potential in the numerical solution of three dimensional magnetostatic problems', *IJNME*, 1979, **14**, pp. 423–40.

[4] LEONARD, P. J. and RODGER, D.: 'Modelling voltage forced coils using the reduced scalar potential method', *IEEE Trans. Magn.*, 1992, **28** (2), pp. 1615–17.

[5] LEONARD, P. J., LAI, H. C., HILL-COTTINGHAM, R. J. and RODGER, D.: 'Automatic implementation of cuts in multiply connected magnetic scalar regions for 3D eddy current models', *IEEE Trans. Magn.*, 1993, **29** (2), pp. 1368–71.

[6] RODGER, D.: 'Finite-element method for calculating power frequency 3-dimensional electromagnetic field distributions', *IEE Proceedings Part A*, 1983, **130** (5), 233–8.

[7] PRESTON, T. W. and REECE, A. B. J.: 'Solution of 3-dimensional eddy current problems: the T-omega method', *IEEE Trans. Magn.*, 1982, **18** (2), pp. 486–9.

[8] SILVESTER, P., CABAYAN, H. and BROWNE, B. T.: 'Efficient techniques for finite element analysis of electric machines', *IEEE Trans. Power App. and Syst.*, 1973, **92**, pp. 1274–81.

[9] SILVESTER, P. P. and FERRARI, R. L.: 'Finite elements for electrical engineers' (Cambridge University Press, Cambridge, 1990).

[10] PRESTON, T. W. and REECE, A. B. J.: 'Finite element methods in electrical power engineering' (Oxford University Press, Oxford, 2000).

[11] BERQUIST, A. and ENGDAHL, G.: 'A stress-dependent magnetic preisach model', *IEEE Trans. Magn.*, 1991, **27** (6), pp. 4796–8.

[12] MAYERGOYZ, I. D.: 'Mathematical models of hysteresis' (Springer-Verlag, 1991).

[13] LEONARD, P. J., RODGER, D., KARAGULER, T. and COLES, P.: 'Finite element modelling of magnetic hysteresis', *IEEE Trans. Magn.*, 1995, **31** (3), pp. 1801–4.

[14] HODGON, M. L.: 'Application of a theory of ferro-magnetic hysteresis', *IEEE Trans. Magn.*, 1988, **24** (1), pp. 218–21.

[15] Applied Electromagnetics Research Group: 'MEGA Commands Manual', Bath University, BA2 7AY, UK.

课外读物

[1] HO, S. L. and FU, W. N.: 'Review and future application of finite element method in induction motors', *Electric Machines and Power Systems*, 1998, **26**, pp. 111–25.

[2] LOWTHER, D. A. and SILVESTER, P. P.: 'Computer-aided design in magnetics' (Springer-Verlag, New York, 1986).

[3] NATHAN, I. D. A. and BASTOS, J. P. A.: 'Electromagnetics and calculation of fields' (Springer-Verlag, New York, 1997).

[4] RILEY, K. F.: 'Mathematical methods for the physical sciences' (Cambridge University Press, Cambridge, 1974).

[5] SILVESTER, P. P. and FERRARI, R. L.: 'Finite elements for electrical engineers' (Cambridge University Press, Cambridge, 1990, 2nd edition).

[6] TROWBRIDGE, C. W.: 'An introduction to computer-aided electromagnetic analysis' (Wessex Press, Oxford, 1990).

第10章 检 测

电工钢的检测包括电磁性能检测和机械性能检测两个方面。另外,对最终产品的外观要求也会有一定考虑。

10.1 磁性能

电工钢一般是按照铁损值进行分牌号销售的。在同一铁损值牌号钢材中磁导率是另一个重要参考指标。对于一定铁损指标范围牌号的钢材,其厚度和价格是影响客户需求的重要因素。

10.1.1 铁损

在前几章的介绍中我们知道,铁损是指电工钢在一定的频率及峰值感应磁状态下的能量耗散。虽然实际检测中可以测试材料的全工况性能参数,但牌号评级一般采用 50 Hz 或 60 Hz 频率、$B=1.5$ T 或 1.7 T 条件下的性能参数。特殊地,由于过去热轧钢时期牌号分级的遗留,在欧洲某些地区还会使用 1.0 T 的条件进行牌号分级。

电工钢材料牌号分级测试时应尽量接近实际工况,以防止实际材料服役时性能与牌号值差距过大。

10.2 测试方法

考虑到在实际钢材使用中有各种各样的样品形态和磁线回路,所以尽量能够选取一种国际通用的样品形态作为测试标准样件。20 世纪就提出过很多标准方法和样品。约 100 年前,50 cm 的爱泼斯坦测试开始使用。样品的布置如图 10.1 所示,样品首尾相搭拼成方圈。

爱泼斯坦方圈测试方法虽然避免了试样的弯曲效应影响,但无法避免 50 cm×3 cm 钢带的边缘部剪切影响(可以通过去应力退火进行去除)。此方法中首尾相接部位会表现出显著的磁阻,但钢带 50 cm 的长度会掩盖这样的效应。

由于版面的原因,这里对早期的一些铁损深度测试不做过多分析。在 1936—1938 年(见图 10.2)左右发布的 25 cm"Baby"爱泼斯坦方圈测试方法已经取代了所有早期的测试方法。

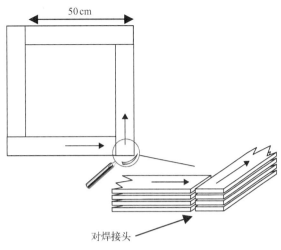

图 10.1　爱泼斯坦方圈测试方法

25 cm"Baby"爱泼斯坦方圈测试方法布置图如图 10.2 所示。新的爱泼斯坦方圈钢带长度缩短至 25 cm,并且钢带数量下降到 24 片,这使试验样品的重量会下降约 0.5～1 kg 到 5～10 kg。一

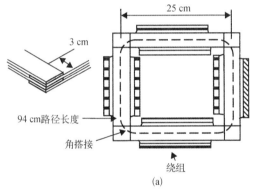

(a)

(b)

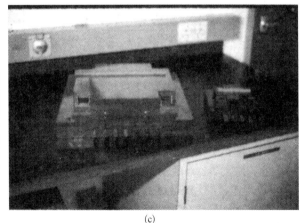

(c)

图 10.2　25 cm"Baby"爱泼斯坦方圈测试方法

(a)爱泼斯坦 25 cm 方圈测试方法布置图;(b)爱泼斯坦测试设备;
(c)25 cm 爱泼斯坦测试框架和小型研究模型

般来说,考虑到数据的科学性,最少的钢带数应不少于 8 片。图 10.2 所示有两种现代的爱泼斯坦方圈测试仪器,其中一台为小型设备,另一台为完整设备。

　　爱泼斯坦方圈测试设备包含一个励磁线圈绕组(平均每边 175 匝,共 700 匝),以保证测试样品能够达到预期的感应峰值,而与次级线圈(同样共 700 匝)相连的平均灵敏整流器电压表可以检测到所产生的感应峰值。次级线圈的电压信号会传达到功率表,同时初级线圈的励磁电流也会传至功率表。

　　图 10.3 即爱泼斯坦方圈测试方法原理图。在早期的试验中,正弦的励磁电流难以获得,尤其在更强的励磁条件下。铁的 B - H 特征的非线性需要一个非正弦的感应电流和正弦的磁通。初级电流需要很快达到峰值以便感应现象达到饱和。为了得到一条很好的正弦 dB/dt 波形以及共正弦 B,必须保证励磁电流本身就具有低阻抗和优良的重复性特点。刚刚提到的高质量的正弦曲线电流很难获取,所以有很多设计用于提升曲线准确性的设备。因此在励磁线圈中补偿谐波电流得到了应用。

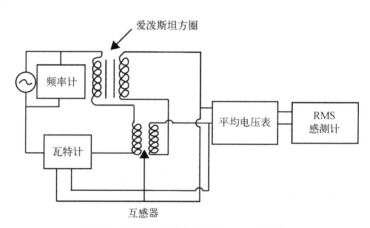

图 10.3　爱泼斯坦方圈测试方法原理图

　　直到负反馈放大器电路的诞生才终于克服了正弦波形电流的问题。即使如此,如果当增益和相位补角相反,强反馈会造成严重的 H 波形失真不稳定性。

　　近年来,数字电路的波形产生和控制的应用,避免了以前传统模拟电路反馈系统所带来的危害。

　　数字电路的应用很好地解决了波形组合和控制的问题,同时也不用考虑需要维持更强的电磁感应,毕竟这都与正常的设备工况相差甚远。

　　测试系统一般采用精细速度控制直流电机驱动的交流发电机,以便在励磁过程中能够很方便地检测和控制振幅。

　　如果测试过程中无法取得示波器进行观察,RMS 感测计(有效值电压表)和平均灵敏整流器电压表的并联结构,保证了可以通过对比两者的数据评价 dB/dt 的正弦波形。精确的结果是 $V_{RMS}/V_{mean}=1.111$。如果示数偏离这个比值,则最终铁损数据需要进行修正。

一般情况下,测试会使用示波器与次级线圈相连,这样会很迅速地发现和探寻波形的异常。

爱泼斯坦方圈试验的关键部分如下:测试框架、励磁电源、功率表、磁感强度计和空气磁通补偿系统。

10.2.1 测试框架

标准测试方法采用 700 匝的初级和 700 匝的次级线圈绕组,其中次级绕组放在内部,紧靠试样。激励系统近些年一直在变,不同情况下不同的匝数更加便捷。例如,半导体功率放大器与低匝数更加相配。

10.2.2 激励电源

各种自耦变压器输送的民用交流电是一种简单而粗糙的稳定激励电源。民用交流电电压频率一般比较不稳定并且波形较差。晶体控制振荡器耦合的固态功率放大器逐步大范围地取代本地交流发电机。现在,一般都采用数字电路合成和控制激励电流。

10.2.3 功率表

功率表内部工作原理,是基于内部固定线圈和移动线圈之间的作用力的弹性悬停结构。功率表的精确度得益于镜面、照射器和刻度指示的应用,并且能够达到误差 0.5% 以下的精确度。考虑到功率因素,误差能够降到 0.1 以下已然是很高的成就了。

功率表仍然是测量能量损耗的核心器件。近年来,电子功率表同样能够达到测量高精度,并且十分具有市场前景。

万用表的开发采用获取电压、电流随机遍历性信号计算功率数值。万用表的介绍详见参考文献[4]。

电脑的大量使用使功率测试只需在电脑系统里添加一块功能芯片。从原理上来讲,这种方法十分优良,但如果为了保证结果的权威性,需要对各种低功率、高峰值均值电压比波形等情况下进行标定。

10.2.4 磁感强度计

早期的磁感强度计采用基于整流补偿移动线圈的平均感应电压计。这仍然是一种有效的方法,但不够快速和灵活。在电气工程应用中,为了满足客户需求,磁感强度计往往会被均方根化。于是,如果数据需要得到准确使用,必须对数据进行适当算法处理。

同样地,采用以下方程:

$$|\overline{V}| = 4Bnfa$$

其中,B 为感应峰值,n 为匝数,f 为频率,a 为横截面区域,$|\overline{V}|$ 为平均校正电压。

该方程波形独立,并反映了 B 值的主导作用。

老式的数字电压表使用了完美的整流器(二极管反馈运算放大器)和低通滤波器来传递 $|\overline{V}|$ 值。这些数值将会为方便使用正弦波形而被均方根化。在实用需求的推动下,准确的 RMS 感测设备得到发展。现在的 RMS 感测设备相对以前价格要便宜很多,但仍然无法提供真实平均响应。于是,仅有昂贵的万用表才能提供精确真实的平均值。

综上所述,元器件的进步有以下几个方面:指针式仪表＋整流器——繁琐、精密;早期数字式电压表(均值测度)——良好;近期数字式电压表、RMS 感测设备——对于 B 值测量无效;昂贵的万用设备(测度 $|\overline{V}|$ 和 V)——良好但昂贵。

对于磁学来讲,试验的精确度需要提高到 0.2% 以上,因为 B 值每 1% 的误差能够造成铁损值 2% 左右的误差。然而对于整体市场来说,磁学对廉价 $|\overline{V}|$ 测量设备的需求只是沧海一粟,所以市场前景还不够明朗。

10.2.5　空气磁通补偿

根据前述的各级线圈绕组结构,爱泼斯坦测试框架的次级线圈绕组内会存在一定变量的空气或非磁材料。当在高电磁感应测试条件下,"空气和线圈架"横截面中的额外感应电动势会增强,从而会影响到次级线圈电压的准确性。在低电磁感应测试条件下,由于钢铁样品产生的感应电动势占绝大的比例,这种影响就可以小到忽略不计。

测试方法中一般会要求连接一个互感线圈,如图 10.4 所示,这样一个不含样品的互感线圈会抵消掉空气磁通的影响,从而使互感线圈同次级绕组的净输出为 0(针对次级线圈的强电流)。

这就意味着线圈输出的"B"值仅跟电工钢材料有关。同时,由于电工钢材料所占空间的额外补偿,所以应从电工钢相对磁导率中减去 1。

完全方波补偿是最常用的补偿方式之一。如果要得到准确的包含等效空气磁通的 B 曲线,需要通过对上述电工钢的横截面区域进行估算。参考文献[3]对相关具体内容有所研究。

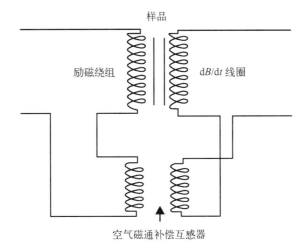

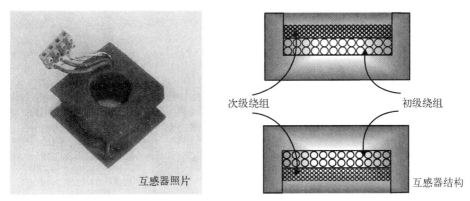

图 10.4　空气磁通补偿互感线圈的连接实物图和示意图

　　完全方波补偿需要在忽略互感器情况下,有误差小于 1‰ 的空载净输出。如果互感器能够放置于方圈中心,必须在其周围附加额外匝数,以防与框架 4 边的线圈互感而对结果产生误差。

10.3　回线长度

　　通过上文描述我们已知,爱波斯坦方圈的初级和次级线圈匝数与电源系统和测试系统相匹配。显然,功率表的读数算法需要通过对照修正以匹配不同的线圈匝数。

　　上述电工钢的横截面区域很大程度上受其质量和密度影响。爱波斯坦方圈测试的钢带需要至少 28 cm 长。如果采用更长的钢带测试,需要进行横截面区域的重新计算修正。

采用两端重叠方式对 28 cm 钢带进行测试,其等效回线长度不固定。根据磁导率等材料性质,并考虑到角部的磁通回线变化性,整体的等效回线长度约在 88～106 cm 范围内。标定绝对的回线长度十分繁琐,不但需要考虑爱泼斯坦结构中不同支边的长度,甚至要考虑到使用的特定钢材的特性以及电磁感应和频率的因素。

等效回线长度是十分重要的参数。因为整体样品质量所占比例会在功率/质量公式中体现。

在 Dieterly 等人[2,3]的大量工作努力下,等效回线长度定为 94 cm。这是回线长度的中间值。虽然在很多情形下不准确,但是不同实验室的测试者使用该值能够得到相同的结果。相比其他长度而言,采取该值所得到结果的误差是最能接受的。

10.4 密度

样品质量用于与长度、宽度结合以估算横截面的大小,这时就会用到密度值。众所周知,密度的准确标定十分困难,所以对所有测试来说采用通用密度值是方便的选择。惯用密度值得到了国际认可并用于产品标准。现在存在先进的电磁测算横截面区域方法,并且有正上升的应用前景。

现在研究发现,如果电工钢带在 70 kA/m 的强场下达到饱和,J_{sat} 值仅跟横截面以及化学成分有关。

试验表明,如果传统 J_{sat} 值分配到各种钢种,那么由高饱和值磁通逆转所产生的电动势会给出确切的横截面区域值。这正是在爱泼斯坦测试方法及相近的在线测铁损值方法设定 B 值所需要的。逆转的频率可以方便地设置为 50 Hz,并且无须波形控制。

系统内的大部分电流需求都供电磁感应用,以便功率因子修正降低系统电力需求的水平。

10.5 爱泼斯坦测试综述

尽管方法看起来简单,但如果没有严格控制各项参数,将会得到很差的结果。这包括以下几个方面:精确尺寸的正方形;精确尺度和切割的样品(如有需要退火),保证质量及横截面误差在 0.2% 以内;激励电源和波形控制保证正弦波因子为 1.11±1%;精确控制激励电流的频率——误差小于±0.1%;精确 B 值设置系统;功率计能够精确工作于低功率参数工况,例如 $PF<0.1$;精确的空气磁通补偿(正常情况只需在框架搭建时一次性设置);准确的传统密度、回线长度以及计算公式。

当材料十分薄时,4 边支长度松弛等因素会造成一定的空气间隙。于是,有时会在重叠拐角处放置小质量(约 100 g)的材料。

需要提醒的是,样品在测试前需要在衰减交流场内进行退磁处理以消除剩磁。

爱泼斯坦测试系统的全面阐述在 BSI、ASTM 和 IEC 都有出版。

10.6 单片测试法

电工钢是一种高成本的特种钢材,所以其购买和出售都由产品标准严格控制。通常情况,电工钢的牌号由铁损值定义。

电工钢用量的增加以及相应的性能测试,意味着材料牌号分级测试的成本以及方便性是一个重要问题。爱泼斯坦测试法是一种长期稳定值测试方法,以便设计工程师能够通过测试数据来预测机器性能。然而,它也在经历一场变革。

爱泼斯坦测试方法的缺点如下:

(1)爱泼斯坦测试方法中的回线长度一般是固定的,而与机器中使用材料的等效回线长度不一致。

(2)3 cm 带钢带有剪切边缘无法保证去除剪切应力对结果的影响,除非采用去应力退火措施。

(3)许多情况下,使用完全工艺钢在最后的剪板过程后不采用退火处理。某些钢,比如非耐热磁畴约束钢无法在去应力退火后表现出其应有的特性。

(4)在晶粒取向电工钢中,爱泼斯坦测试框架所有边一般会放置沿轧制方向剪切的电工钢。对理想的无取向电工钢,框架两个对边放置的样品需要轧制方向。具体如图 10.5 所示。

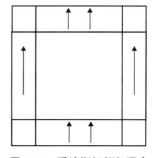

图 10.5 爱泼斯坦框架混合轧向放置方法

理想无取向电工钢总会存在一定的各向异性,所以邻边不同磁导率会导致角度的磁通泄漏。

(5)精确剪切和退火制备样品的过程费力费钱,再加上测试中还需样品本身的繁琐装卸过程。自动化操作仍在探索中,并没有太多的成功。

爱泼斯坦测试方法的缺点可以通过单片法测试克服。这种装置作用于具有产品材料性质代表性尺寸的单片样品上,由于切边无关紧要,因此单片尺寸足够大。最近 30 年来,花费了大量的工作开发单片测试方法以满足商业需求。

10.6.1 样品尺寸

在测试方法问题讨论开始,很多国家采取了很多非正式的测试方法。样品

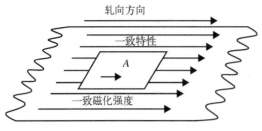

图 10.6　A 代表待测钢带特性的一个名义区域

的尺寸从 1 m 宽、1～2 m 长到约几厘米宽、30～40 cm 长。图 10.6 所示是待检测钢带名义区域的示意图。如果该区域过小，则无代表性，但如果该区域过大又会造成测试成本的大幅增加（相关见下文的磁通闭合）。

10.6.2　磁路回线

磁路回线的形式多种多样，包括有无磁轭。图 10.7 是一些磁路回线的示意图。如果没有磁轭的存在，则测试无法保证统一的磁化强度区域。磁轭的使用分为单边和双边。单边磁轭会使钢带内部在磁通消失和进入的情况下产生涡流池，这些涡流池会额外增加测量铁损值。而双边磁轭则会大大减小这种涡流影响（见图 10.8）。

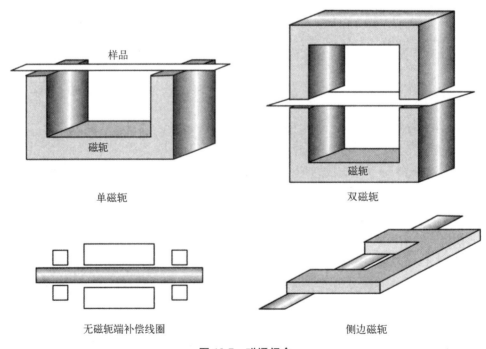

图 10.7　磁通闭合

如果样品很大，如 50 cm²，磁轭将十分重，并且昂贵。顶部磁轭可以通过气动升降平衡样品压力。测试设备的工作回线长度的确定取决于磁轭的形状尺寸。磁

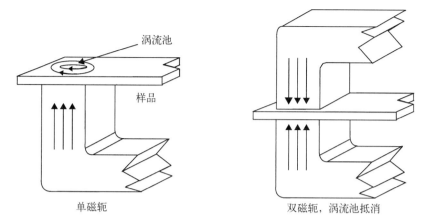

图 10.8 常态磁通下的涡流池

轭边缘磁通的形状和强度,会随着待测电工钢的磁导率和厚度等因素的变化而变化。当然,该测试方法也可以参照 25 cm 爱泼斯坦方法,采用某一磁通回线长度以适用于所有样品。

这样将会带来难题:用户会将单片法和爱泼斯坦测试法所得到的数据进行对比。如果单一传统回线长度应用于单片法,那么结果大部分是不准确的,并且不会同几乎都不准确的爱泼斯坦法结果相接近。这也不是一个严重的问题,因为如果采用单片法测试并大范围使用,用户工程师也是可以开放地重新学习这种方法,并将新的结果重新映射到实际机器性能上。需要进一步说明的是,如果样品形状为正方形,那么样品可以分别用 0° 和 90° 方向插入设备进行测试,从而考虑各向异性对结果的影响。

正方形样品会带来一个问题,即低长宽比意味着磁通线的分布会不稳定,如图 10.9 所示。

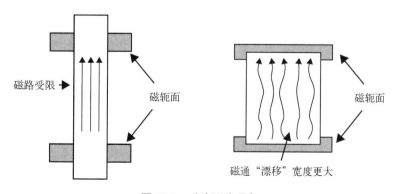

图 10.9 磁路不稳现象

测试设备可以设计成同时测量正交两个方向，但是制造和使用过程也是十分复杂的。

现有的国际标准要么使用简便的回线长度，要么采用可随着材料形状牌号变化的回线长度，而后者则与 25 cm 爱泼斯坦测试方法结果相近。

现实情况中总存在两种相左的意见，一种是要求足够科学精确的测试方法，一种是无须完美但廉价、方便，并满足工程使用和机器设计即可的方法。

现在的情形是，单片法在国际标准中采用 50 cm² 的正方形样品和双磁轭方法。回线长度要么人为定为内磁轭宽度，要么通过 25 cm 爱泼斯坦方圈测试重新标定。

10.6.3　单片法的特殊考虑

图 10.10 为商业使用的单片测试设备。它由初级、次级线圈，空气磁通补偿以及双磁轭构成。

此处放入单片

图 10.10　商业单片测试法设备

10.7　励磁

围绕如何让单片法中样品获得最好的磁化性能已经开展了大量的试验研究。如果在样品上只采用一级线圈［见图 10.11(a)］，会存在末端磁通水平降低的趋势，所以，如果感应电流被用作衡量 H 值以及驱动功率计，样品-磁轭磁阻的消磁作用则会被忽略。如图 10.11(b)装置通过使用多级平行线圈磁化钢带，从而减小这种效应。靠近末端的区域会因消磁效应和较低的电抗值而自动消耗更大的电流。

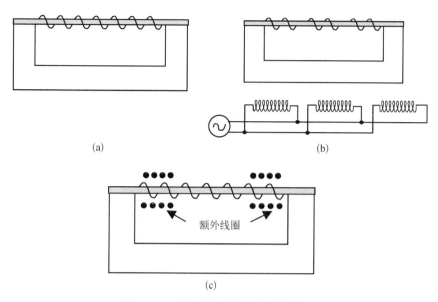

图 10.11 平行区和末端上卷式的使用

（a）一级线圈；（b）多级平行线圈；（c）附加末端上卷式线圈

改进的均匀磁化装置，可以通过增加额外末端线圈匝数，产生额外的磁动势消除连接部位磁阻的影响[见图 10.11（c）]。额外线圈中的电流虽然会补偿末端的磁阻，但也会产生试验误差，所以必须采取特殊手段使这一补偿十分精确。末端补偿线圈可以通过磁位差计（Rogowski-Chattock 线圈）的反馈信号分段布置。图10.12（a）是该种系统的示意图。

进一步，均匀磁化也可以通过 Dannat 盘的使用来改善[5]。如图 10.12（b）所示，这些线圈内的铜片安装在样品的上下表面。根据楞次定律可知，任意偏离样品的磁通会使其经过 Dannat 盘后到达表面，并产生涡流。如此，Dannat 盘即可通过简单的被动原件达到均匀磁化效果，如图 10.12（c）所示。

为了防止使用磁化电流作为衡量 H 值的标准，有一个备选方案，即将 H 线圈放置于样品表面来感探有效场区域。这项技术虽然能够获得更高潜在的准确性，但是实现起来过于复杂。图 10.13 即该项技术示意图。H 线圈的输出与 dH/dt 成比例，但是如果要得到铁损结果，需要得到 $\int H \, dB$ 或 $\int B \, dH$ 的值。

B 线圈可以得到电动势与 dB/dt 的比例关系，并能够与从磁化线圈电流内得到的 H 值信号相结合，借助传统功率计求得 $\int H \, dB$ 的值。H 线圈在驱动功率计前进行预积分才能够得到 dH/dt 的值，B 线圈信号 dB/dt 会被积分得出与 B 成比例信号，且同 dH/dt 结合可以得到 $\int B \, dH$ 值。

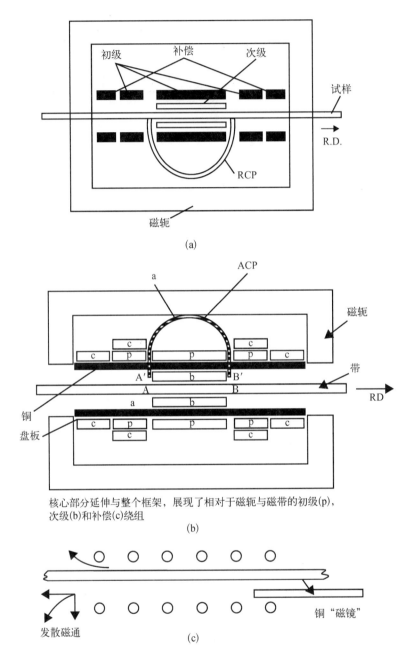

(a)

核心部分延伸与整个框架，展现了相对于磁轭与磁带的初级(p)，
次级(b)和补偿(c)绕组

(b)

(c)

图 10.12   (a) 闭合磁轭以及 Rogowski‑Chattock 磁位差计；
(b) 开放式磁轭以及铜片；(c) 发散磁通的约束

影响相位准确性的参数有很多,如积分电路、信号噪声比、信号名义峰值比、放大器转换速率等,这些参数都需进行控制以保证系统的可靠性和准确性。如果 H 值是从中心放置的 H 线圈测得的,如图 10.14(a) 和(b)所示,那么同区域 B 线圈测得的 B 信号可以忽略一些末端磁阻的影响,因为 dB 和 dH 信号都采集于同一区域。

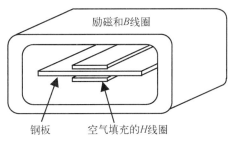

图 10.13　H 线圈的放置

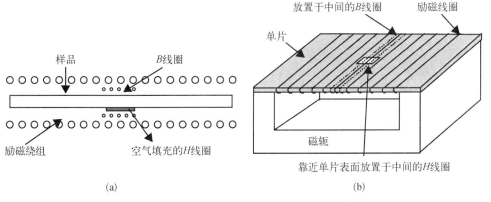

(a) (b)

图 10.14　(a) H 线圈的放置;(b) 防止末端效应

现在普遍接受的最为精确的方法是 H 线圈需要与电工钢表面紧密接触,并且需要很薄。薄的线圈相对来说灵敏性较弱。放置在平坦钢表面的 H 线圈是易于被损害的。而如果如图 10.15 所示,两 H 线圈采取远离钢表面高低放置并且有无

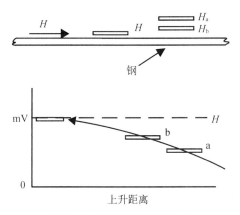

图 10.15　双 H 线圈放置方法

磁保护层,其测量误差会大大增加。通过分析 a、b 两线圈间的信号衰减,可以逆推到钢表面的信号值。

总之,关于单片法测试的关键要素如下:

(1) 是否需要磁轭？ 一个或两个？

(2) 单一磁化线圈还是分开式来获得 ωL 的均衡？

(3) 是否使用末端补偿线圈？

(4) 是否使用 RCP Rogowski - Chattock 线圈进行补偿？

(5) 是否使用 H 线圈？

(6) 是否考虑双 H 线圈？

(7) 回线长度是否采用便值？

(8) 回线长度是否同 25 cm 爱泼斯坦测试法相近？

(9) 样品有多大？

(10) 是否使用 Dannat 盘？[5]

现今的国际标准更加倾向于：

50 cm 成正方形放置的样品；单级或分开式线圈；双磁轭；通过磁化电流测量 H 值而非 H 线圈；无 Dannat 盘。

有人会说 50 cm 的正方形放置的样品大而重，且制造成本高。磁轭面需要通过认真处理以便叠片间不会发生面内短路。磁轭面可以通过研磨平整与化学抛光去除"弄脏"的金属。磁轭的铁损很小，可以忽略不计。

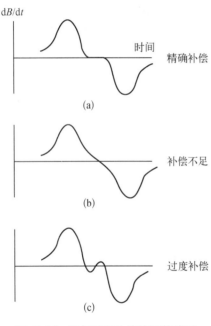

图 10.16 空气磁通补偿的调整波形

(a) 正确波形；(b) 包含补偿；
(c) 通过 $dB/dt=0$ 邻域振荡的过度补偿

10.8 空气磁通补偿

与爱泼斯坦测试方法一样，单片法测试同样需要空气磁通补偿。类似爱泼斯坦测试方法使用互感线圈会引起紊乱。当空测试设备被激励后，净 B 线圈加空气次级互感线圈的输出显著时，感应线圈的调整平衡取决于磁感应线圈内电流的大小。当相邻的磁轭被轻微磁化后，并传递随之产生的磁通到 B 线圈时，这种现象会加剧。

有一种备用调整方法是加入样品后调整，但此方法会忽略波形的控制。先进的互感线圈调整方式会产生 B 线圈/次级互感线圈的波形，如图 10.16 所示。

10.9 在线测试

即使单片法测试法比 25 cm 爱泼斯坦测试方法要便捷许多，但是用户仍强烈期待能够在生产线上直接给钢材分级。在电工钢带生产线上连续测量磁性能是一项非常困难的任务，但这也是可以完成的任务，因为该项技术已在工业生产中有所运用。在线测试包含以下几项基本问题：

（1）如何磁化钢带？

（2）如何感应磁化状态？

（3）如何判别钢带横截面区域以保证设置正确的感应线圈？

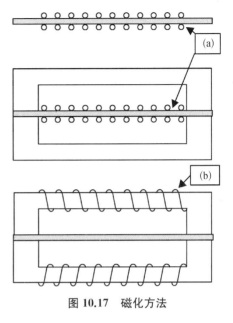

图 10.17 磁化方法

研究中采用了很多方法对钢带进行磁化。图 10.17 展示了两种磁化方法。（a)方法采用缠绕线圈环绕钢带，可以选取是否附加磁通闭合磁轭。（b)方法采用环绕磁轭向钢带引入磁通。从原理上讲，采用靠近钢带的局部磁力作用是更为有效的方法，所以(a)方法较好。磁化作用可以通过环绕的 B 线圈(dB/dt 线圈)进行探测。相比较单片法测试的影响因素，在线测试法可以有以下考虑：采用多级平行线圈；仅采用单一线圈；采用附加末端绕组的单一线圈，可以通过 RCP 控制励磁；采用磁化线圈内电流获取 H 信号；采用单/双 H 线圈获取 H 信号；有无磁轭或单双磁轭；有无 Dannat 盘。

10.10 环绕/非环绕系统

如图 10.18 所示，线圈环绕钢带以便装置移开方便标定和钢带的剪板。目前也有很多努力尝试开发可以无须环绕钢带的测试设备。图 10.18 和图 10.19 呈现了这些设备的发展。这些技术可以参考文献[6][7]。

非环绕设备可以允许磁化方向在轧制方向的 90°或其他夹角。在 0°、90°或中间角度的测量可以测量材料各向异性的影响。图 10.19 即早期无须环绕钢带的测试设备。

在线测试设备都是同时磁化和测量钢板的同一面。这就意味着在生产线中，该测试设备可以嵌入到钢铁通过的表面，而无须其他操作手段。非完整的磁性回路以及漏磁可以通过合适的算法和感性励磁电流的神经网络系统进行侦测。漏磁与磁导率以及其他调整因素的关系可以通过电脑计算获得。

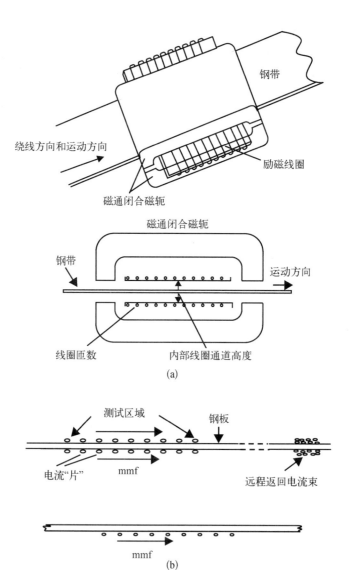

(a)

(b)

图 10.18 （a）环绕式；（b）非环绕式

(a)

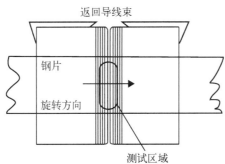

对称的非包裹励磁系统和一组类似的导体放置在钢带下方

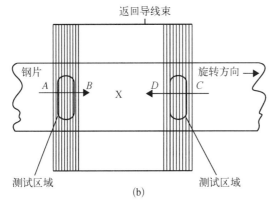

(b)

图 10.19 （a）非环绕式模型；（b）非环绕式磁性系统

10.11　钢带的横截面区域

为了设置钢带磁化所需要的 B 值,需要知道钢材的横截面区域,这样才能通过 B 感应线圈获取合适的平均电压值。钢带的宽度一般能够准确获得,尽管在钢带热拉伸时会有一些出入。钢带的厚度是其他控制因素所需要的,所以在线测试需要得到精确的厚度值。

已知的宽度值与通过厚度计测量的厚度值结合,可以求得横截面区域面积,以便得出测试设备设置的 B 回线。

在爱泼斯坦测试法和单片法中,采用传统密度值测量样品质量。厚度计测量出的厚度特性也属于钢带牌号分级的一部分。具体的厚度、传统密度的问题解释详见第13章。如果需要评估横截面区域的磁性参数会采用一些传统的磁性常数,详见第13章。

10.12　地球磁场

生产线中长钢带暴露在地球磁场中,会产生测量的直流偏磁的误差。生产线的建造并不总是方便地设置为东-西方向,因此,一般会在交流磁化磁场中加入直流偏磁补偿。电子系统可以检查 dB/dT 波形的对称性,并且能够自动耦合地球磁场修正系统。

地球磁场源于地核,并且十分神秘,尤其在地球的史前时期还发生过地球磁场的翻转现象。

10.13　挑战

测试和牌号分级的挑战有以下几个方面:

(1)爱泼斯坦测试方法中剪板、退火、操作的成本很高,并且其回线长度十分任意。工程师们会容忍不相称的回线长度而追求较好的操作实践效果。

(2)单片法提供较接近于设备工况的测试环境。赋值回线长度的问题仍然存在,尤其是当希望该方法的结果能与爱泼斯坦方法结果相接近的情况下。实验设备设计上可能性仍大范围的存在,比如采用单级或多级 H 线圈、RCP 等。简便是该方法的优势,但是现今电子计算机技术同样廉价,并包含多种多样的误差降低技术,产生了更多有前途的测试系统。

(3)牌号分级系统毫无疑问最终会直接嵌入在线连续测试过程中,经济会促成这一改变。如果该方法也存在与单片法一样多的争论,那么方便普适性的测试方法的前途将一片黯淡。

现今单片法越来越多被与爱泼斯坦方法比对使用。单片法进一步的发展会更接近于在线测试的方法。现实目标是单片法能够很好地结合在线测试设备测量，而爱泼斯坦测试方法将作为实验室工具在特殊研究领域使用。

在线磁性能测试和半工艺无取向钢分级各自带来的矛盾中，需要采用一些方法进行平衡。数据采集可以精确有效地应用于预测算法中，并可以通过算法在材料临界压缩量前，以及压缩测量前得到未退火钢的磁性能参数。

10.14 其他测试设备

10.14.1 圆环测试

完全闭合磁线回路是测试的目标，并且没有连接部位。在众多方法中，圆环测试是最基本但又最不方便的测试。假设给定一根非常长的螺线管，如图 10.20 所示，XY 区域被当作无末端区并进行测试。在现实情况中，电工钢很容易被加工成圆环状，如图 10.21 所示。圆环有着很多不同的形式：冲片圆环堆叠、螺旋弹簧、焊接点、平整圆环（可以用作爱泼斯坦方法样品，见图 10.22）。

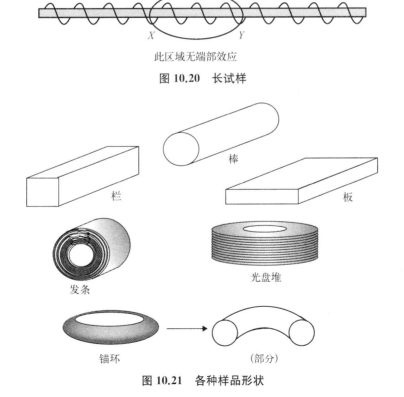

此区域无端部效应

图 10.20　长试样

棒

栏

板

发条

光盘堆

锚环

（部分）

图 10.21　各种样品形状

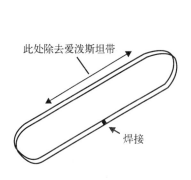

图 10.22　平整环

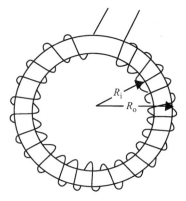

图 10.23　圆环内外径（$R_i = R_{inner}$，$R_o = R_{outer}$）

此处除去爱泼斯坦带

焊接

R_i

R_o

　　在以上所有情况中，必须通过退火来消除剪切、弯曲、焊接等应力的影响。在(a)情况中，叠片可以采取平均消除各向异性的方法进行堆叠。除非在圆环的外内径比小于 1.1∶1 的情形下，回线长度会由于半径的变化而产生测量结果的混乱（见图 10.23）。

　　通常绕线时为了避免出现应力需要在金属周围做一个方形"盒子"。

　　同时需要考虑以下几个问题：采用多针式装配（见图 10.24）；采用多股金属线缠绕方式，并在末端安装接线口，方便应用和拆卸（见图 10.25）。

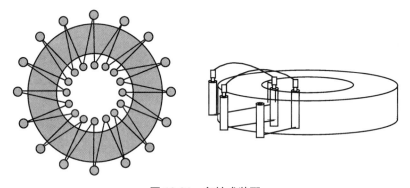

图 10.24　多针式装配

　　一旦圆环样品制造并绕线完毕，测量过程可以通过使用普通的功率计进行。空气补偿磁通由于 B 线圈绕组紧密贴合圆环而可以忽略不计。

　　近似但快速的测试方法可以采用单匝磁化装置并采用大电流。B 感应铜线也包含于该系统中，利用这种方法，能迅速测量整个铁芯，如图 10.26 所示。这种装置如此构建确保了流向 B 感应线圈的磁化电流足够小，到可以被忽略的程度。

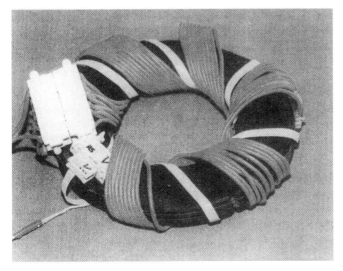

图 10.25 可拆卸式线圈绕组,末端安装外接插槽

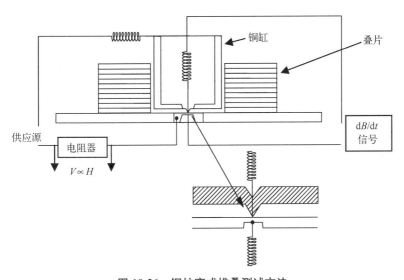

图 10.26 铜柱塞式堆叠测试方法

10.14.2 便携测试装置

经过这么多年的努力,便携式测试装置已经被开发出来,并应用于快速的铁损测量。早期的 Werner 测试装置,采用电工钢材料的振荡电路的阻尼计算铁损值。图 10.27 为其他便携装置。所有这些装置都有它的用处但也都不能满足大型设备的测试。

在测试系统中有多种多样的方法可以测试功率损耗,主要如下所列:功率计式瓦特计、随机遍历方法、电子倍增器、电桥方法、全数字方法。

　　功率计式瓦特计是最基本的设备,它能够监测到两套感应系统间的作用力,其中一套监测得出与 H 成比例的电流,另一套能够监测与 dB/dt 成比例的电流。尤其是该方法能够让其中一个线圈进行旋转悬停,另一个线圈保持静止。这种悬停结构十分精妙,并能够通过镜式检流计来观察形变量。

　　铁材料不会应用于磁通放大器中,并且线圈电抗需要保持在一定水平范围内而不产生必要的相位差。一个好的瓦特计最好保持 0.5% 的精度与 0.1 或更低的功率因数。

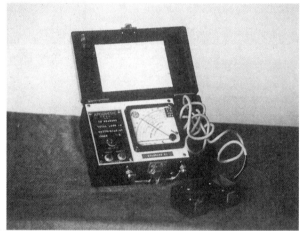

图 10.27　小样品便携式测试装置(可放置式磁轭)

　　瓦特计能够正常运转的上限频率为几百赫兹。然而该装置在频率降至 0 Hz 时响应,以便装置的校准可以同标准电池和标准电阻相结合。这也促使校准具有可循性。图 10.28 即瓦特计。更多的瓦特计详见参考文献[8]。

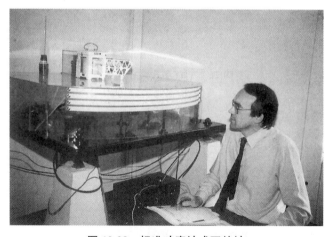

图 10.28　标准功率计式瓦特计

10.14.3 随机遍历系统

这依赖于交互噪声信号的特性来造成成倍的影响。该理论方法十分繁琐,详见参考文献[4]。该装置操作灵活方便。

10.14.4 电子倍增器

这采用电子操作元件传递输入模拟信号。需要重点留意漂移和偏移作用的影响。

10.14.5 电桥方法

该方法依赖于具有如图 10.29 所示的等效电路形式的线圈环绕的电工钢。与铁损相关的电阻可以通过平衡电桥测量。样品和线圈的无功和电阻元件需要单独的平衡。

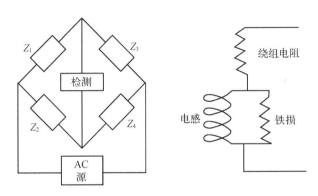

图 10.29　平衡时,电位计当 $Z_1 = Z_2 \times Z_3 / Z_4$ 时示数为 0;
通过 Z_2、Z_3 和 Z_4 的变化可以求得 Z_1 的值

前段时间,电桥电路的发现和发展带来了很多的应用。每种都有自己的优缺点。图 10.30 即一种典型的电桥电路。通过合适的配置爱泼斯坦结构可以形成一个电桥电路,并且可以允许频率高达 10 kHz 或更高时的铁损。

如今电桥电路由于其复杂和操作的经验要求而过时。电子计算机方法(专家系统)可能会在未来再次应用。文献[3]中 B. Hague 给出了各种各样的电桥电路的指南。

当全数字系统应用于磁化和感应设置中,铁损可以直接从每一个操作循环中得出。现今先进系统的用户体验已十分友好,但如果出现错误也很难解决。

有时热学方法也会用于测量铁损。这类方法包括测量冷却剂温升的恒流方法,或者通过热电偶监测温升率引起的电动势的温升率方法。起始温升率带来的

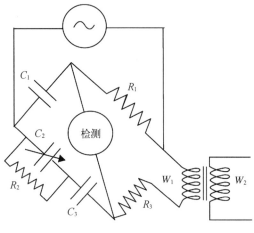

图 10.30 铁损测量的电桥电路

C_2 平衡方圈线圈的感应作用，R_2 平衡铁损。W_2 线圈用作观察样品的感应过程或用于样品直流偏压的应用，C_3 平衡方圈线圈 R_3 的电阻。

热电动势不受散热影响。初始几秒的励磁会被用作测量[9]。21 世纪初，Ewing 曾发明一种磁滞测试仪器，可以徒手操作和快速读数。文献[10]描述它的运行。电工钢样品会放置于旋转永磁两极间进行手动旋转。磁滞现象会造成磁极偏斜，并造成指针偏转。

现在的趋势是今后的试验方法能够更加简化操作，同时又能保证生产和商用的精确程度。现在首要的问题就是出台一套权威的标准，能够统一电工钢的牌号分级，避免更多的重复劳动和研究。

对于所有的测量方法，现在有越来越多的"虚拟"设备使用。B、H、功率等参数都被整合到合适的"卡片"和 PC 中。这些虚拟设备的关键在于能否保证限制 dV/dt、扭转率、动力学等参数的范围，而不会产生不必要的误差。

各种测试方法的发展方向有以下几个方面：爱泼斯坦方法成为实验室和科研使用；单片法与爱泼斯坦方法脱离，允许同在线系统的兼容；在线连续测试方法与升级的单片法结合，采用单边非环绕式方法更加简便。

设计工程师们将会快速校正电工钢的牌号，以便更好地满足电机特性的准确预测。随着技术的发展还会带来更多的问题。至少现如今的电子计算机更加廉价，如此就能容忍一些试验的复杂性。

10.15 旋转损耗

许多机器的铁芯，如变压器连接点、电机定子齿根等，都会产生一定的旋转损耗。B 向量具有线性和转动两个分量。旋转损耗一直被广泛研究，尤其在各向异性强的材料，比如晶粒取向钢。磁导率在各个空间上的不同会使旋转磁通向量无法保持稳定的振幅和波形。当然，在实际设备中，旋转磁通常与波形失真和振幅振荡有关。于是，在线性磁化条件下性能相同的钢，在旋转磁通下性能就会产生差异。

更多的研究工作如果不考虑旋转损耗会变得非常简单。但关于是否考虑旋转损耗的观点分歧很多。有一个学派认为线性损耗（纵向和横向）已经满足设计者对设计机器的使用要求了。另一个观点认为真实测量旋转损耗是十分重要的。这个问题确实值得研究,同时也有很多这方面的研究,但是仍存在很多问题。比如,如何创造和旋转一个纯常数振幅的 B 向量?这可以通过计算机方法和一些电子放大器获得,但是真实机器中不可能完全满足这种情形。

损耗会因参差不齐的织构而存在顺、逆时针旋转方向上的差异。磁场方向和感生磁场方向并不一致,且角度差异会随着 B 向量方向的移动而变化。多值 $B - H$ 的关系会使结果更加复杂难以解析。

迄今为止,方向性磁导率、损耗对 B 的曲线,还无法嵌入有限元软件仿真设备铁损,尤其产品还存在连接点处的空间不连续性和空气间隙。

一旦有用户强烈地要求提供高频励磁的性能测试标准,那么旋转损耗测试的需求就会很低。这仍然是一个开放的问题,时间会平衡科研兴趣与艰难的工业需求关系。

10.16 其他性能测试以及损耗

10.16.1 视在功率——VAs

电机的设计者不仅仅关心电工钢在感应峰值循环时所表现的铁损,还对磁动势的大小有关注。举一个极端的例子,采用仅有空气而无电工钢测试其铁损,这需要极大的电流创造适用的磁通水平。所以钢铁的磁导率同其铁损同样重要。如果两种钢在相同的频率和感应峰值拥有相同的铁损值,但却需要不同的磁化电流,这时发生在铜线圈的损耗有很大的区别。

功率在线圈内遵循 I^2R 公式,如果 I 增加,那么功率就随之上升。一种测量该损耗的参数即所谓的视在功率或 $V - A$ 积。如果爱泼斯坦测试方法或其他方法中的电工钢,在给定感应峰值的情形下磁化,那么同线圈匝数相关的电压值以及平均有效电流(均方根值)可以通过该视在功率或 $V \times A$ 积测量。

对于任意电子设备,其功率等于 $V \times I \times$ 功率因素。如果功率因素较小,那么真实的热量耗散所占比例会很小,但线圈内电流大小会远高于瓦特计的示数。$V \times A$ 是电压安培的乘积,并给定电压可以通过欧姆表测出的电阻或者按照公式 I^2R 求得电流值。

当通过反馈放大器电路产生的正弦励磁电流时,方圈次级线圈内电压的均方根值乘上电流的均方根值可以得到准确的 VA 乘积。

注意:平均整流电压仅作设置 B 用,均方根值用于 VA 计算。

电流的均方根值可以从串联的灵敏 RMS 电流表读出。如果次级线圈匝数与初级线圈匝数不同,VA 乘积需要算法修正。于是当 $V \times A$ 按样品质量均分,VA/kg 值则成为视在功率。

10.16.2　磁导率

当VA乘积包含钢铁磁导率影响,那么特定的B/H值在某些应用中显得较为重要。对于薄材料在功率频率下的B-H曲线与传统正常的感应曲线不同,但可以大致表示正常电磁感应曲线的过程。一般情况,1.0 T下的相似度最好。

H峰值可以通过以下方法获得:H线圈输出的平均整流电压(可能需要放大器);采用峰值示数电流表,通过并联一个精确电阻成为峰值示数电压表。

绘制铁损-B曲线或者铁损-频率曲线,可以很好地观察电工钢的电磁特性。更进一步,B/H曲线以及VA-B曲线能够做电磁性能的补充说明。

10.16.3　直流电流测量

迄今为止所描述的都是交流电情况。电工钢同样也会应用于直流电情况下,如继电器、核粒子加速器磁铁等情况。这些情况下,铁损并非是主要考虑问题,但是如下其他的一些参数十分重要:矫顽力、饱和磁感应、剩磁、正常磁感应曲线形状、最大和初始磁导率,这些参数在图 10.31 中都已标出。

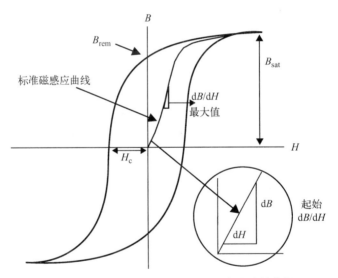

图 10.31　电工钢 B-H 曲线中关键直流特性参数

矫顽力的关系作用如下所述。小型交流发动机一般会采用自励启动方式。在启动时,转子线圈启动电流由定子剩磁磁通输出的整流提供。为得到更好的工作状态,需要有较高的剩磁,同时也具有较高的矫顽力。定子电工钢材料必须要求低铁损值,所以需要低磁滞、低矫顽力的电工钢材料。然而,转子需要较高矫顽力材料以便更易励磁。最近几年,越来越多的整流器从锗转变为硅,因为硅具有更高的正向导通电压。

　　从经济原因考虑,现今的产品设计和冶金,允许定子和转子叠片采用相同的原材料。

　　有很多技术方法可以测量这些性能参数。圆环法和爱泼斯坦法可以增加特殊磁导计来用作直流测试。磁导计是专门用于直流测试,集整合样品、线圈和磁轭于一体。目前市面上有很多种磁导计,图 10.32 即某种磁导计。板状样品放置于线圈中,通过磁轭形成完整的磁线回路。线圈包括:主磁化线圈;补偿线圈——为产生额外磁动势抵消磁轭样品结合部位的漏磁现象;环绕样品的 B 线圈,或者采用分开形式;H 线圈(可选择);RCP 系统——校准补偿。

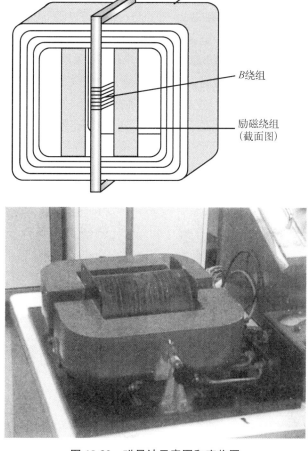

图 10.32　磁导计示意图和实物图

磁场由主磁化线圈提供,补偿线圈提供补偿磁场。根据测量需要给定一系列的参数值。

(1) 样品置于线圈内,同时磁轭闭合。

(2) 强磁场使样品接近饱和磁化。然后手动或自动反转磁极若干次,使材料进入可再生循环磁性水平。该过程逐渐地重复若干次并伴随外部磁场强度降低,直到样品消磁。另外,逐渐减弱的交流场也可用于消磁过程。然而,某些磁导计存在高磁感线圈会使消磁过程变得更困难。刚刚退火过的样品不需要特殊的消磁过程。

(3) 低强度磁场,如 40 A/m,重复反转后会建立循环状态。于是 H_1 场反转所产生的整个磁通变化,可以通过与磁导计 B 线圈相连的积分电路记录。磁化强度变化大小为 $2B_1$。

(4) 此过程在更高的 H 值,如 H_2、H_3 等,继续重复,从而得到相关的 $2B_2$、$2B_3$ 等值。从这些值即可绘制出正常的磁化曲线。

如果有补偿线圈的使用可以在曲线上每点进行检查,以判断磁通泄漏补偿是否准确。

用于决定 B 值的电荷积分电路,可以是冲击电流计,或电子式积分电路。已知样品横截面、B 线圈匝数以及偏差量,可以求得 B 的反转值。

当样品很厚,大于 3 mm 厚时,操作务必慢速以便磁通渗透到样品内部(考虑到楞次定律会有延迟)。该过程务必特定装备磁导计以便一些过程自动进行。冲击式电流计以及电荷积分电路,可以通过标准电容或互感线圈充放电校准,详见参考文献[8]。

10.17   完全磁滞回线

该过程同上述过程类似。最大强度磁场首先测量 H_{max} 时的 B 值。然后,通过切断电流,磁通会从 B 变为 B_{Rem}。而后会重复从 H_{max} 降到稍低的 H 值的过程。这样会得到每个间隔的磁通变化。如此就可以绘制出完整的磁滞回线。如果增加补偿,曲线会在两极由于某些场的剧变而存在偏转。

另外,还可以通过在整个回路过程逐步控制 H 值,然后通过积分电路逐步计算样品 B 的变化。通过设定合适的 XY 坐标,采用 XY 坐标绘图机即可得到整个磁滞回线,即磁滞曲线绘制仪。现今的磁滞曲线绘制仪已不像传统仪器那样需丰富操作经验者更换磁导计。

10.17.1   基准点

描述电工钢性能的实际几个关键点为:磁化饱和点、剩磁点、矫顽力点。

磁化饱和点相对来说较易获得,只需施加单一反转磁场,并获得磁通变化值
($2 \times B$)。该磁场务必能够很有效地将测试样品磁化饱和。

矫顽力可以通过磁导计或分开式矫顽磁力计(后续介绍)获得,当 $B=0$ 时,即
H_C,该值不与磁漏和磁路有关。

然而,剩磁一般与磁路状态有关。
圆环样品是接近理想的样品,但在爱泼
斯坦方法中仍有空气间隙等因素,可以
产生很显著的退磁效应,从而可以观测
到 B_{rem} 强度。这也反映一个事实,即在
现实机器设备中,剩磁值是一个变化显
著量。

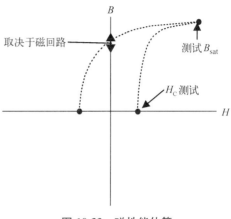

图 10.33　磁性能估算

假设 H_{max} 和 H_C 可以很容易得到
(这章后续会介绍 H_C),B_{rem} 不确定,由
图 10.33 可以看出已经可以得到大致曲
线形状,并可以估算出剩磁值。

获取材料的完全磁滞回线并非易事,除非采用的磁导计具有补偿磁漏功能。
设计者所需求的完全直流磁滞回线图的绘制成本十分昂贵,或许交流磁化曲线可
以满足其需求。

10.17.2　矫顽力

当矫顽力可以通过磁导计测量时,一系列快速方便的测试系统就应运而生。
图 10.34 是一种振动线圈磁导计的原理图。样品安放在长型磁化线圈内,并让其

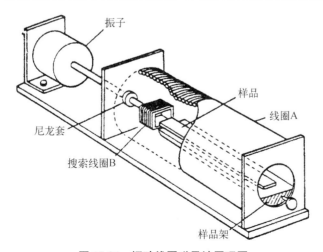

图 10.34　振动线圈磁导计原理图

一端与振动器驱动的活塞臂相近。当磁通从样品末端透出，其中一些发散的磁线会被振动线圈切割，从而在一定的振动频率下产生感应电动势。当样品磁化强度降为 0 时，该感生电动势也降为 0。该现象就发生于矫顽力点，$B=0$。测量过程如下所述：放置样品；设置振动器振动；系统螺线管接通强电流，磁化样品至高 B 值状态。

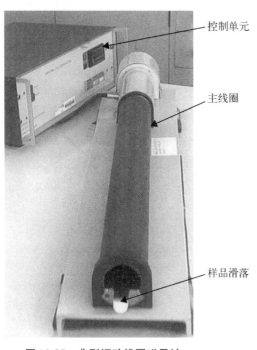

控制单元

主线圈

样品滑落

图 10.35　典型振动线圈磁导计

线圈电流逐步降低使其通过 0 点，并反向慢慢增加。当振动线圈的输出达到 0 点时，电流停止变化，并读出 B_0 值。该电流与代表样品矫顽点施加磁场一致。磁化线圈需实现校准以便电流-H 值可以简单、自动地读出。

整个过程需要磁极反向再重复一遍后，求平均值以消除地球磁场带来的影响。当然将设备东-西向放置，可以将地球磁场影响降到最低。

商业设备可以自动读取样品参数。图 10.35 为某典型装置。

10.18　直流-交流混合励磁

到目前为止，本书都将直流磁化和交流磁化分开做讨论。有时会出现混合模式，如特定的交流性能材料需要面对固定直流磁化过程。这种模式一般常见于平流扼流圈、声频放大器、磁放大器等相关电子设备中。这种过程也常出现于同步电机、直流电机，以及一些磁通切换电机的极面。

图 10.36 为某正常磁化曲线。A 线可能采集于全交错电工钢叠片的良好的闭合磁路回线。B 则是相同铁芯但存在空气间隙。为了得到每点的相同磁化数值，则需要额外的电动势抵消空气间隙的磁阻。

如果通入直流电流将铁芯处于 A 曲线 P 点状态，通过一个微型的检测环可知磁导率增量较低。在 B 曲线中同样的直流电流只能将铁芯处于 Q 点状态，此时的磁导率增量却大大超过 P 点时。所以，空气间隙对绝对磁导率 B/H 值有降低作用，但对磁导率增量值相对加强。

在平流扼流圈或声频放大器中,直流电必须导通,于是磁导率增量 dB/dH 是衡量电感系数值的参数。

当然,采用大的无间隙铁芯可以获得相等的 dB/dH,但铁芯中铜线和电工钢材料的应用会带来经济负担,相比之下还是通过空气间隙的方法更为经济。

如此就会带来如何设计铁芯间隙以及尺寸的问题。对于给定牌号的电工钢,涉及的参数如下:

$L=$ 需求电感值;

$I=$ 直流电流大小;

$N=$ 线圈匝数;

$l=$ 电工钢材料磁路回线长度;

$a=$ 空气间隙长度;

$V=$ 铁芯体积。

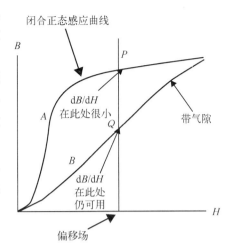

图 10.36　有无修剪的正常磁化曲线

电流的交流分量可以是很少量,也可以占很大比例。Hanna 曾做过独一无二的工作,开发了一系列的曲线融合了 6 个变量,从而可以得出最优的间隙长度。使用计算机软件对最新牌号先进钢种进行曲线重制会使设计更加简便。在作者的试验中,通过不同报纸纸张裁剪形成间隙的方法一定被大家铭记。

10.19　铁芯

当电工钢嵌入不同大小的铁芯时,整个铁芯可以通过使用临时线圈评测性能。为保证无须为测试组装铁芯,铁芯堆叠分支可以进行逐一测试。目前该项测试迅速简捷。同时,如何克服分支末端的严重消磁效应仍是研究热点。

10.20　高强度电工钢

在大型转动机器的特定结构件中需要使用高强度的电工钢,同时还要有一定程度的磁导率。一般来说这样的钢较厚(1~3 mm),也可以通过磁导计或者形成圆环状评价性能。

10.21　非晶态金属

非晶态金属拥有非常低的铁损值和高的磁导率。非晶态金属很薄以至于它们不易于切割成许多条钢带来放入爱泼斯坦设备中测量。换而言之,绕线铁芯会在绕线过程中受压。另外,低铁损高磁导特性意味着电磁感应的功率因子会很低,而且产生用于波形控制的模拟反馈电路的不稳定。普遍认为数字电路易于管理控制。

当然,测试非晶态材料性能的最优方法仍没有达成业内的共识,还需进行更多的实验工作。

10.22　可溯性

磁性能测试的不确定因素以及测量方法的可靠性非常重要。前英国校准协会(BCS),现今的 NAMAS 机构,可提供这样的公证服务。欧洲电工钢协会联合 NAMAS 实验室(地址位于 Newport)可以公证铁损、磁导率等测试过程。这些测试可以提供个人服务。

10.23　设备可靠性

精确的磁性能测试设备的子元件选取是一项要求严格的工作。欧洲电工钢协会制造和销售整套测试所需元件和设备,范围从最基本的元件到高度自动化。大部分设备已远销全球。他们的目标就是满足用户的需求,并生产出最大限度满足要求的系统。

10.24　表面绝缘

变压器、电动机、发电机铁芯所用的电工钢叠片,必须彼此绝缘以防止涡流的流动。层间绝缘有很多方式。对于变压器电工钢来说,一般会采用硅酸盐-磷酸盐混合无机涂层。该涂层除了绝缘作用以外还有其他用途。

许多大型机器使用无法进行退火的全有机涂层。必须进行退火处理的叠片需要使用半有机或无机涂层。小型机器一般无须涂层,或仅采用自然的氧化或水蒸气发蓝涂层。

10.25 测试方法

实际生活中需要对不同涂层层间绝缘性进行定量描述。于是，一系列的测试方法应运而生。一些方法已形成国际标准。

在评判绝缘性能水平的过程中存在各种不同方面的问题。由于目前仍缺少描述层间电流泄漏的精确模型，所以目前存在越来越高绝缘的趋势从而保证安全。考虑到涂层的生产成本很高，因此，全方面研究绝缘性能是一个亟待解决的问题。

快速读数的要求使 HOC 平均法测试广泛使用，比如使用万用表（欧姆挡）探针直接测试电工钢片的表面（见图 10.37）。这是一个不易控制的过程，因为探针区域和压力不定，而且操作电压同设备用钢实际情况出入很大。

手持式夹具的使用是正规化该测试过程的一种尝试，如图 10.38 所示。压力区域和大小能够很好受控，但施加电压一般在 1.5 V 左右，相对太高。

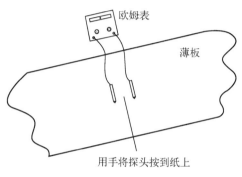

图 10.37 Hoc 平均法

考虑到电工钢一般采用叠片堆叠形式，所以测试堆叠上下部的方法被提出，如图 10.39 所示，该方法有时还会使用一些铜制插片。测试过程中可以考虑避免层间毛刺接触，也可以施加不同大小的电压。然而，现今方法都是这三种主要设备衍生而来。

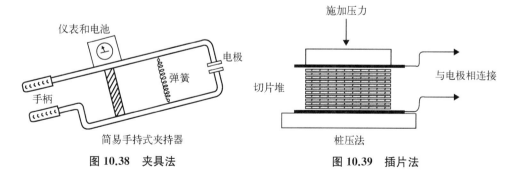

图 10.38 夹具法   图 10.39 插片法

10.25.1 英国标准测试

它被刊登在现已废弃的 BS 601 标准中，在标准 BS 6404 pt.20 1996 里也有具体描述。图 10.40 是该系统测试的示意图。探针以 450 N 的力接触一片 645 mm² 的区域。标准的交流电压用于励磁,但电压值这些年有所变化,现今一般采用 250 mV。然后通过测量电流值得出绝缘性能。很明显,测试中会使用到两个绝缘平面,其中一个作为辅助面用于同基底接触。

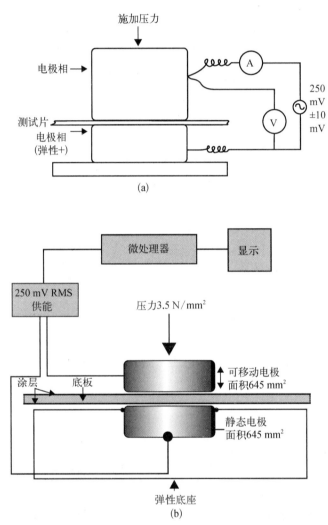

图 10.40   BSI 测试结构图

(a) 基本英式标准系统;(b) BS 6404 绝缘测试仪

　　为了能够得到静态显著的表面绝缘读数,需要对电工钢片全面测试。而实验者希望以较少的试验次数得到较好的试验结果,但这是不符合相关标准的行为。为了应对这种问题,欧洲电工钢协会开发了多电极测试系统,可以迅速得出很多数据。

　　电极的操作和增压均采用气动形式。图 10.41 为单极和多级电极测试设备。

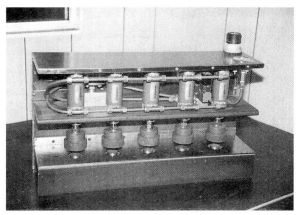

图 10.41　气动 BSI 型绝缘测试仪可以同一时间访问 5 个区域

10.25.2　富兰克林测试法

同英国标准方法相反,富兰克林测试法起源于美国[12],使用 10 个纽扣式电极压在电工钢板表面,每个电极面积为 64.5 mm²,施加的力为 129 N。

每个电极带有 5 Ω 电阻,0.5 V 的直流电。图 10.42(a)为该方法原理图。当富兰克林方法广泛使用时,0.5 V 的电压是一个很高的测试电压。由于表面绝缘和电流损耗的缘故,电极上的电压会在 0~0.5 V 之间。如果是绝对绝缘情况,10 个电极上的电流损耗为 0,如果是完全短路情况,电流则为 1 A。可以在基底上螺旋钻孔,形成一个电流回路,如此一来,每次就只有一个平面进行检测。

显然,如果一个电极短路则会掩盖其他 9 个电极绝对绝缘的情况,所以这种情况需要在做出试验报告前再按照标准的统计学方法进行试验。然而,用户的天性则是只要做一次测量即可。

后续对富兰克林方法进行改进,借鉴了 IEC 标准的方法,采用了 250 mV 的电压,并且每个电极的电流消耗都可以分别检测。每个电极现在都可以通过系统计算机的控制观察,这种自动检测的设备已被欧洲电工钢协会(Newport)开发和销售。

图 10.42(b)是某种工厂用富兰克林测试设备。通过对层间电动势来源的分析可以得知,这是一个与电工钢电磁感应相关的常数,所以在测试系统中只需一个较低的稳定电压即可。图 10.43 是层间电动势的示例。

抽象的横截面区域产生的电动势为 $t \times w$。公式如下:

$$\tilde{V} = 4.44 \hat{B} n f A$$
$$\tilde{V} = 4.44 \hat{B} n f t w$$

其中　　$\hat{B} = 1.5$ T, $n = 1$, $f = 50$, $t = 0.3$ mm, $w = 1$ m,

$$\widetilde{V} = 4.44 \times 1.5 \times 50 \times 0.3 \times 10^{-3}$$

$$\widetilde{V} \approx 100 \text{ mV}$$

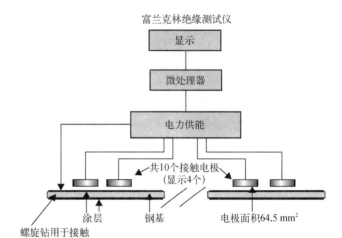

富兰克林绝缘测试仪

显示

微处理器

电力供能

共10个接触电极
（显示4个）

涂层　　钢基　　电极面积64.5 mm²

螺旋钻用于接触

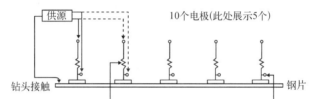

供源　　10个电极(此处展示5个)

钻头接触　　钢片

低值电阻用来感应电流，此电流是250 mV测试过程中
稳定的电极激励电压。

控制计算机依次激发每个电极并记录稳定电极电压的
电流。

对富兰克林测试的改进

(a)

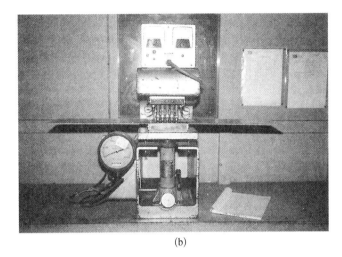

(b)

图 10.42 （a）具有螺旋钻头的富兰克林法测试设备；（b）工厂富兰克林法测试设备

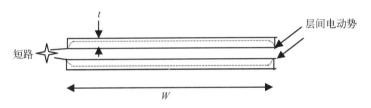

图 10.43 假设层间在某一边部联通，求得层间电动势

最坏情况下，电应力会随着泄漏和短路位置和数目的变化而改变。最近的一些论文会详细介绍这一内容。

10.25.3 施密特测试法

很长一段时间，大家认为机器内部两绝缘表面的真实情况是相互挤压，而非某单一绝缘面与测试电极接触。考虑到这种情况，施密特博士开发出一种解决该问题的设备，设备中两电工钢片上下放置并用一纸膜相隔，如图 10.44 所示，所以毛刺不会影响测试结果。该方法通过带有夹具的电极与基底接触，并施加稳定的直流或交流电。

上述描述的装配法通过在纸膜区域施加一对绝缘压头来实现。该过程可以模拟机器中电工钢的真实工作环境。施加的电压、压头形状和面积以及数据处理变化可以多种多样。

由于两涂层表面的绝缘数值肯定高于单一平面，这并非仅因为两个涂层在一起，还因为两薄板同时测量所带来的较低统计学误差。

施密特法使用的原则是为了获得合适的表现性能，而富兰克林测试则是为了性能控制。

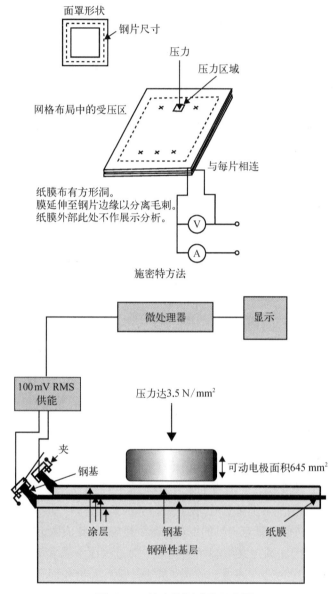

图 10.44　施密特测试法示意图

在机器工况温度下进行表面绝缘测试。显然,这种测试操作起来还十分繁琐。更多的测试细节和相关的数据处理方法详见相关的标准[IEC/BS]。

10.26 电机仿真实验

由于针对表面绝缘程度是否适用于电机用钢存在众多争议,已开展的实验建立了绝缘特性之间的关系,并通过各种测试和实测电机性能进行评估。长久以来人们发现,除了得到各种表面绝缘测试方法之间广泛的相关性外,很难再发现什么了。

10.26.1 测试程序

电工钢堆叠制造拥有非常好的绝缘性能。这种优秀特质在最好的材料基础上可很方便地获得。一堆堆积起来的板片能够非常靠近地依赖彼此,并具有绝缘性质。一组相似的"堆片"制造出来表示绝缘性能"优"、"良"、"一般"及无绝缘特性。这些堆片再次被随意选择,但在测试下证明其正确排序。一系列的绝缘性能测试系统建立起来包括 Franklin methods A and B[12], the British BS 6404 tester, the Schmidt tester 等。

来自具有非常好的绝缘性能堆片的板片可以应用于每台测试机,且测试结果显著。来自其他的每堆钢片就这样重复测试。每个种类的大量板片应用于各台机器,从而得到统计的连贯性的数据。

预期情形是电机可以从每堆"绘制"出的钢片中制造出来,并且它们的性能可以评估出不同钢铁表面绝缘是如何影响的。但是当制造实际电机数量时会清晰地发现这似乎不太可能,因为电机制造过程的方式影响了钢片的性能。图 10.45(理论上)展示了每个制造的过程能量损失如何变化,包括冲压、退火

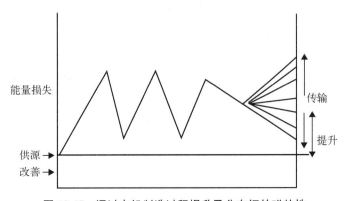

图 10.45 通过电机制造过程提升及分布钢的磁特性

等。由于这些因素的存在,导致涂层对电机性能的影响效果难以被分析出来。

　　因此通过环样叠片来模拟电机运行而不是真实的电机,这些环样的叠片由已测试过绝缘性能的钢片剪切而成,之后分析其磁性能。图10.46为测试流程图。

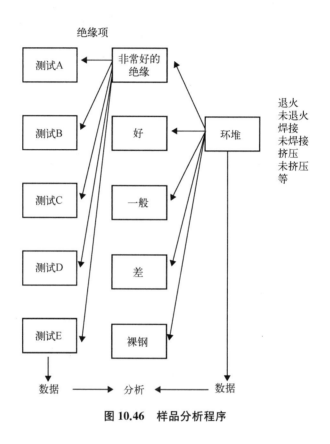

图10.46　样品分析程序

　　钢环被冲压出163 mm的外径和90 mm的内径。这对应于实心铁的一个相当大的层压。这些环样或模拟电机定子由磁化和B传感导线组装并卷绕起来。这种形式下,钢环的能量损失可以被精确地检测到,如图10.46所示。

　　环样会被各种不同的方式处理:退火,不退火,焊接为一个电机铁芯通过液压加各种压力等。约对500个环样进行了评估。图10.47和图10.48显示环的形式和挤压方法。

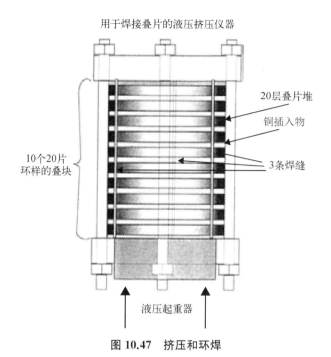

用于焊接叠片的液压挤压仪器

20层叠片堆

铜插入物

3条焊缝

10个20片
环样的叠块

液压起重器

图 10.47 挤压和环焊

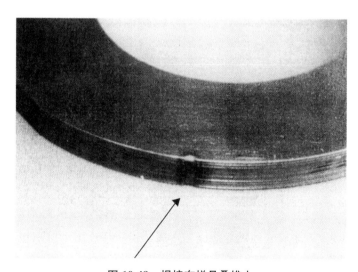

图 10.48 焊接在样品叠堆上

10.26.2　结论发现

结果清晰地表明,质量或者甚至一个特定绝缘体的真实存在对钢铁经受的损失产生的影响非常小。这令人十分惊讶。在很多情况下,相同数量级的损失变化再现性测试在结果中已显示出来。这是可能出现的,因为一个数据点代表了许多测量结果的平均值。

图 10.49 展示了一系列涂层的结果,我们可以明确看出以厚涂层作为参考条件,无涂层、薄涂层及中厚涂层的效果,其变化范围只是非常少的几个百分点。这一结果适用于在堆体外部使用焊缝的堆叠焊接。即使衬纸被用作提供完美的涂层,也表明了必须用类似的方式来露出无涂层的堆叠。

涂层和未涂层的区别 1.3% SiFe
(两种样品均经过焊接和受 3.5 N/mm² 压退火)

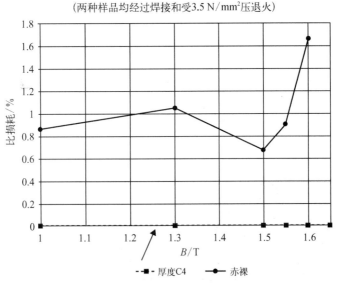

图 10.49　损失结果与是否涂层的关系

可是,如果一个堆叠焊接在中心孔内侧的下面,那么外部的损失将上升 300% ~ 400%。如图 10.50 所示,当存在固体传导路径时,涡电流通畅,并加大了损失。

裸露与绝缘的相似效果从未退火的钢环中可以看出,也表明即使钢中产生了自然氧化,其与正式涂层有效制止涡流的作用几乎一样。出于这个原因,绝缘体测量结果与电机表现间的关系不能在有意义的方式下呈现。

进一步的试验将使用具有定子齿的真正叠片。这种情况下的结果相当不同。使用衬纸的叠堆作为基本参考物,其损失与纸张略去非常相似。然而,焊接时(外侧下方)的损失上升了约 25%。这种现象不同于普通的平面环样,它被认为可能是毛刺在

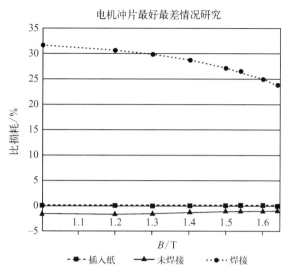

图 10.50　应用于堆叠内外部焊接的影响

齿上(该区域最容易形成毛刺),与外界环焊缝相结合,组成一定的完整的电路。

　　将叠片冲压在新的打磨工具和磨损工具之间进行了一些比较,有证据表明磨损工具导致大毛刺的损耗增加。可是涂层的存在有助于减少损失,这表明将毛刺掘进涂层能够隐藏毛刺(见图 10.51)。

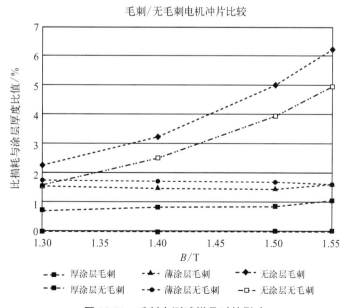

图 10.51　毛刺在测试样品时的影响

10.26.3　叠片宽度

由于毛刺的管理似乎能对小型电动机铁芯片产生最大的影响,所以在单片损耗测试仪上进行了一些测量,来观察什么样的宽度和层间电势下,显著涡流可以跨流而过与钢片面对面接触。

一对对的样品,一个在另一个上面,分别在有涂层和未敷涂层的状态下进行了测试,宽度范围从 82～500 mm。80 mm 以上的一些小的额外损失在无涂层的薄片上可以看到。这样范围的宽度包括了一些层间电动势,尤其存在一些大电机,如图 10.52 所示。

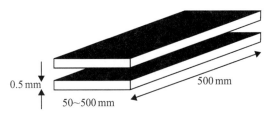

利用单片测试仪仿真更大背铁的宽度;成对的叠片样品,50～500 mm宽, 长500 mm, 未涂层和已涂层的钢片都在单片测试仪中进行磁性测试

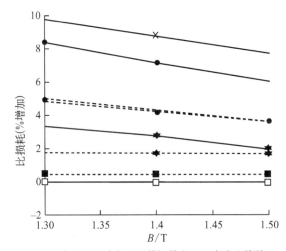

加涂层和未加涂层的钢片在不同宽度上的差异

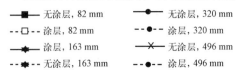

── ■ ── 无涂层, 82 mm	── ● ── 无涂层, 320 mm
- □ - 涂层, 82 mm	- ● - 涂层, 320 mm
── ★ ── 涂层, 163 mm	── ✕ ── 无涂层, 496 mm
- ✶ - 无涂层, 163 mm	- ● - 涂层, 496 mm

图 10.52　不同钢片宽度对绝缘涂层的影响效果

10.26.4　特殊干净表层

为了检查自然形成的外表面氧化层的可能影响,一些无涂层的钢环样品在接触涉及使用酸性的化学清洁剂前后都要进行测试。即使损耗测试是在自发氧化能够成型到任何程度之前迅速地进行,这种开发无涂层材料的额外努力效果甚微。

10.26.5　退火气氛

电机叠块在建造完后进行退火,这样的循环退火十分重要,这样其对叠块表现的影响可以衡量。参与钢环测试描述的退火周期需要小心利用脱碳(湿氢气)的空气。这项工作的空气应限制在约 200℃ 以下。关于叠片黏结在一起没有明显的观察。

考虑到速度,经济定子堆叠可以较早地暴露在其中(例如 500℃~600℃),然后叠片之间的黏附就会发生。如果有一个合适的预应用的涂层,它将会很大程度上限制黏附的发生率。

允许空气过早进入到退火过程中的试验,如图 10.53 所示,叠块的功率耗损大幅上涨,并且该上升的程度比无涂层的叠块要大得多。这表明,表面间明显相干粘连的形成是由退火周期后期过程的空气存在而促进的。更多检查粘连形成的确切机制的工作将会很有价值。

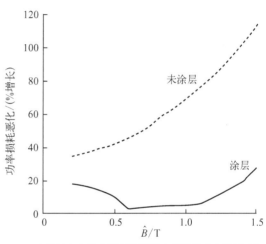

由于不完全退火引起的黏附力导致的功率损耗恶化

图 10.53　空气早期侵入退火室的影响

10.26.6　电机修复

据报道称电机修理后倒带涉及的在高压釜中"烧尽"的缠绕固定剂表现出较高的耗损,而这些损失可以被减少,这需要所用的电机在开始建造时就选择合适的表面涂层。这说明空气可能已被充分地排除在燃尽的反应釜外。

10.26.7　影响

研究描述表明,定子钢的表面涂层可有助于减少杂散损耗,但是该机制可能涉及毛刺存留而不是面对面间电子流动的约束。当层级电动势如发现的宽叠片背铁一样(如超过 100~200 mm),会出现明确传导电流损失。在很多情况下,冲压能力和刀具寿命能够被涂层增强,这也可以防止在退火时叠片间的粘连,并且促进转子堆叠的顺利扭转。

所以,尽管电机钢上的绝缘涂层在促进电机的有效构造及操作时发挥重要作用,由传统测试得到的电阻值可能在表征整体价值时的作用受限制。

似乎两片叠片(至少在两个点)的晶体结构间的相互渗透的状态存在与否,都会使高涡流损耗到达中等尺度[13]。

10.26.7.1　厚度

厚度对于电工钢是一个重要的参数。它的评价将在第13章详述。

10.26.7.2　机械性能

为了多重目的,电工钢的机械性能与电磁性能一样重要。一些相关的性质如下:

硬度;

波浪度;

延展性;

冲片性能;

极限压力;

曲面、平面度和边部减薄;

极限拉伸应力;

杨氏模量;

粗糙度;

内部压力;

动态摩擦;

毛刺。

10.26.7.3　硬度

在一定负载下,金属的硬度通常用一个压头压入进入的永久渗透程度表示。采用钢球压头的测试仪是布氏和洛氏 B 两种类型。维氏硬度计采用金字塔形的钻石硬度压头。该测试被广泛应用于电气钢的评价。压头是在固定负荷下压入进入表面,压痕的对角线是通过用于计算相关硬度数据,并将固定负荷大小考虑在内的显微镜和表格衡量的。

对于薄的材料,轻负载是合适的,而电钢的典型负载是 2.5~10 kg。维氏硬度测试的结果用数字表示,例如 VPN_{10} 140。这表示维氏金字塔数为 140,下标代表固定的负载,用 kg 表示。

电钢测试值落在 80~200 VPN 之间。80 VPN 表示充分退火后的软钢,200 VPN 表示最后退火前的强回火的还原钢。在美国和欧洲的叠压纹理模更偏向值为 140～160 VPN,方便冲压。在远东地区更倾向冲压值为 100 VPN 的柔和钢。同行业中的保护主义已阻止了磁化可能性的充分利用,因为各种特殊的硬度范围(及不兼容性)都是需要的。

可惜的是,维氏硬度测验虽然准确性高、重复性好,但操作起来缓慢且乏味。一系列的电子控制回弹检测仪(基于硬球从表面反弹的优势)正在成为现实,其阐释的硬度可读数据可直接以数字形式存储于计算机中。这些至今还没有发现能够在电工钢行业有非常广泛的用途。

硬度检查通常在钢样品上执行,通常采用磁测量。在期望磁评估能够连续在线实施,来努力保证硬度的连续在线测试。

人们早已知道磁性随硬度改变,特别是矫顽力随 VPN 呈直线上升。过去使用矫顽力作为在线硬度测试基准的尝试都失败了,后发现是由于受到相关松散特质的影响。对于综合在线磁测量的需要导致了现代综合在线测试仪的产生,其能够同步给出矫顽力、功率损耗和磁导率剩磁的测量。

广泛的研究表明,虽然没有任何参数与硬度有确切的相关性,可以创建出来一种描述性算法,使硬度能够准确地从这些磁特征的组合确定。其描述见参考文献[14]。图 10.54 展示了获得的相关性种类,图 10.55 展示的是生产中关钢卷长度所取值的图。当然这种连续测量允许观测到卷材的变化,这样就能够容易检测硬度异常。

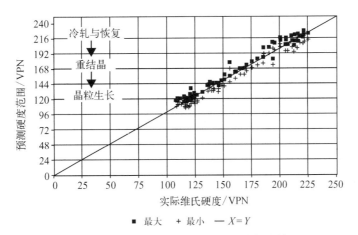

图 10.54　压头与磁性评估硬度间的相关性

该技术可应用于钢包括电工钢,但是,当然会要求一台在线的磁测力装置作为额外的成本项目,而这是对电工钢的普通方式的要求。

10.26.7.4　延展性、弹性极限应力和极限拉伸应力

这些特质的简单描述见下文。

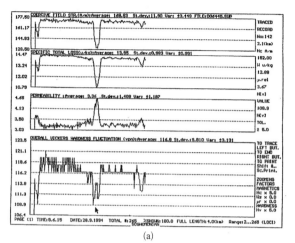

(a)

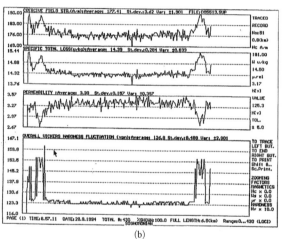

(b)

图 10.55 磁特性与硬度间的相关性

延展性：在高至断裂点的张力作用下，通过钢塑料延展性能经历的百分比。

弹性极限应力，单位为 N/m^2（Pa）：当钢在拉负荷下拉伸时，延伸性在"屈服点"前是有弹性的，超越这个点会发生苏醒变性，这在负载被移除时不可逆转。这个不容易被准确地判断出来，所以通常都表示在规定负载下产生（常规）的 0.2% 的永久延伸。

极限抗拉强度（UTS），单位为 N/m^2（Pa）：这对应于产生断裂延伸的所要求的压力。这些属性的确定用到了张力计，它适用于控制负载并记录产生的拉伸张量。图 10.56 显示的是一个张力计及其在适当位置上与典型电工钢剥离样品一起的狭窄入口。

试验应力、极限抗拉强度及延展性的重要性：

电工钢正常情况下都不会预期承担高机械负载,除了那些用作大型旋转机械的承重部位的特殊等级（如 Tensiloy）。然而,对于带钢的冲压叠片则需要熟知这些属性。已说过,欧洲和美国更致力于冲压更硬的钢,而远东地区的则更普通。在两种情况下,钢的性能都使冲压更容易,低道具磨损的产生就相当好理解了。

但在一定程度上,冲压被认为是一门"黑色艺术"。钢的相关属性如下:

硬度;

延展性;

生产率或弹性极限应力;

生产率或极限抗拉强度比例;

涂层的存在及性质;

平坦度;

内部压力;

晶粒尺寸。

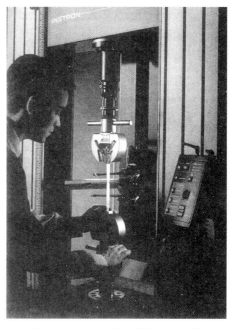

图 10.56　拉伸测试机器（英斯特朗）

研究冲床工作的所有细节超出了本文的讨论范围,但是有些点还是可以考虑的。

（1）匹配冲头/冲模缝隙的类型及需要的材料的厚度是非常重要的。模具中产生的剪切操作设计一些伸展和断裂,这些都需要保持适当平衡。

（2）冲头/模具的润滑需要小心地管理。

（3）冲压操作与钢原料中的残余应力存在与否的组合必须设法考虑好,这样叠片与（例如）圆形孔打孔孔才能打真正的圆孔,而不是其他任何不受欢迎的椭圆形。

平整度很重要,这样冲压出的圆孔能够在组装的机器堆堆叠叠里保持一致。参考文献[20]讨论了穿孔。

10.26.7.5　杨氏模量

这是应力/应变的比值:

$$\frac{f/A}{\Delta s/s}$$

其中,f 表示力,A 表示区域,Δs 表示增加的部分,s 表示长度。如果钢构件被挤压到一定位置并在一定压力下操作,那么代表钢"弹性"的杨氏模量显得非常重要。

压力降低磁性能,这样尺寸的变性就需要知道。磁性各向异性钢,如晶粒为主的钢就具有各向异性的杨氏模量。这意味着不同方向上的应力符合不同尺寸的变形速率。在晶粒为主的钢的杨氏模量,在0°和90°方向间与轧制方向差别可达2∶1。

众所周知,声音在固体中的传播速度与杨氏模量有关。这在大型旋转机械中有很大的重要性,如果径向力需要一定时间从电机的一部分达到另一部分且及时到达,那么磁通反转是必要的。熟知杨氏模量可以防止不必要的共振。

电工钢的杨氏模量典型指导数字是:

晶粒为主钢的轧制方向:1.10×10^5 MPa;

晶粒为主钢在90°方向轧制:1.93×10^5 MPa;

无取向钢:2.0×10^5 MPa。

10.26.7.6　杨氏模量的测量

有时候来自延长计的拉应力和应变值可能是有用的,但精确特殊的方法通常都是优选的。介绍如下两种主要的方法:

1) 静态加载束

这里电工钢的一"束"(爱泼斯坦带很方便)被放在道口边,并逐渐从中心装入(见图10.57)。中心的偏差可以观察,并且由移动显微镜记录。偏差/负载的描图能够得到准确的回归。那么有

$$中心偏差 = \frac{\text{wt applied} \times \ell^3}{\text{Ymod} \times w \times 4t^3}$$

式中,ℓ 为刀口边缘缝隙;w 为带宽;t 为带厚度。

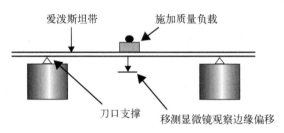

图10.57　杨氏模量的加载束法测量

2) 振动悬臂法

该方法中一般切取 6 mm×200 mm 的凸片并夹住脚部,在脚部选取两种穿透深度构成两种悬臂长度。如图10.58所示,当其固定之后,悬臂会在脉冲励磁电流产生的电场下,产生弯曲共振。当共振可以通过显微镜观察时,说明达到了合适的

励磁频率。样品末端可以用白粉笔标记以便观测。在第二种悬臂长度情况下重复试验,从而得到两个共振频率 f_1 和 f_2。

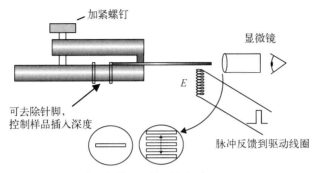

图 10.58   动态杨氏模量测量方法

通过两组方程的求解,可以消除末端夹住因素的影响,从而得到方程:

$$E = \frac{38.33 l^4 \rho n^2}{t^2}$$

式中,l 为刀片边缘间隙长度;ρ 为密度,单位为 g/cm³;n 为共振频率最小值;E 为杨氏模量,单位为 Pa。

以及

$$E = \frac{38.33 (l_1 + x)^4 \rho n_1^2}{t^2} = \frac{38.33 (l_2 + x)^4 \rho n_2^2}{t^2}$$

其中,n_1、l_1 和 n_2、l_2 分别是两个频率下的共振长度,x 为末端修正。

$$x = \frac{l_2 n_2^{1/2} - l_1 n_1^{1/2}}{n_1^{1/2} - n_2^{1/2}}$$

该修正关系式可以适当应用。

众所周知,钢的杨氏模量受其本身磁化强度的影响。因此,该方法中电流脉冲相比于振荡周期务必更小,而且电流幅值要足够低以保证有清晰的共振现象。

10.26.7.7   动摩擦

如上所述,电工钢一般会带有绝缘涂层。对于这些平面,用户有着不同的摩擦特性喜好。从美学角度来说,光洁光滑的表面是最好的,但并非合适。

1) 低摩擦表面

当叠片叠装与最终定子叠装形状相比有歪斜,那么叠片间就会彼此相互滑动。冲片时使用的润滑油会促进这一过程。另外,变压器电工钢需要在高速冲片时保持精确的剪切质量。某些机器倾向于低摩擦,保证拥有迅速的滑移。而有些机器依赖于这种钢带内摩擦来减小滑动。

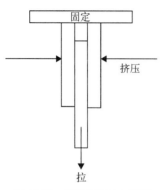

图 10.59　摩擦测试(由挤压载荷装置下部拉出钢带的力,可显示其摩擦特性)

2)高摩擦

当叠片堆叠制作成合适的高度和装夹后,堆叠的稳定性就依赖于电工钢表面间的摩擦特性。在一些情况下,需要保证最小的摩擦因数,如图 10.59 所示。根据机器设计,高低摩擦都有应用场合。

10.26.7.8　粗糙度

电工钢表面粗糙度是一个很重要的性能参数。高或低粗糙度的要求如下:

低粗糙度:需要很低的摩擦因数——参照上文。它可通过避免闭合磁畴结构,而提高磁性能以及两突起间的磁阻。粗糙度高会降低电工钢的叠片系数。

高粗糙度:可以保证堆叠退火时金属的层间间隙,尤其在脱碳处理时是必要的。如此,气体可以渗透到每个表面进行化学反应。而且如果采用蒸汽发蓝制备表面绝缘涂层时,同样需要一定的粗糙度。

生产发现在叠片退火时,更高的粗糙度也会防止层与层相互贴合。当然,冷却过程中气氛的精确控制(保持无氧状态直至 300℃ 以下)可以防止贴合。大约在 $1\sim2\ \mu m(40\sim80\ \mu in)$ 的粗糙度就不易发生贴合现象。

粗糙度尺度:图 10.60 是某商用粗糙度测试仪。

图 10.60　商用粗糙度仪

10.26.7.9　内应力

电工钢内部的残余应力也是不利于磁性能的因素,并有各种不同的来源渠道:

轧制残余应力

正常情况下电工钢在轧制后使用前需要退火处理,但是在两过程间有可能会进行高强度的冲裁过程。塑形变形所带来的应力会在轧制过程中呈现不同形式:冲片的圆孔会轻微地变成椭圆孔,平整钢会因应力释放而成波形。

弯曲/卷曲应力

如果钢带卷曲成某一直径会形成所谓的卷钢,这是一个轻微的永久曲率,表面在卷曲或过辊时已超过了弹性极限。如果已知材料的极限应力以及弯曲半径,就能方便得知外环部分是否达到了塑性变形阶段。

拉伸

在生产线上过高的拉伸作用有可能使钢带太硬,并带来轻微的永久拉伸。如果钢材在拉伸前就有一定缺陷,那么有可能拉伸会将波形拉平。这么做会使永久应力成为固有状态。

应力状态与温度也有很大的关系,因为随着温度的上升,材料的屈服点会降低。

早已指出冲裁过程的变形会引入应力。进一步说,残余应力可能会使最终变形减缓,也有可能加剧。总之,钢生产企业的目标还是生产出无应力材料。

在全工序钢中,应力可以通过在热处理后磁性能的提升量衡量。如果某一磁性能参数得到优化,比如铁损,如果提高了 2%,那么可以说"应力水平为 2%"。虽然这不是一个科学的测量方法,但却很实用。

全工序钢的弯曲和拉伸也并非全是不利的。如果退火过程释放了冲压应力以至磁性能优化,那么任何预冲压应力实际上会帮助晶粒在冲片后退火中的生长,更能提高一定的磁性能。除非材料在退火时是强制约束,否则应力释放后将造成额外变形。

应力测量

磁性能测试衡量应力从某种意义上来讲很直接。磁性能需要在退火前后进行对比。一片平整的钢可能含有一系列的内应力,而一系列的工艺又会让应力表现出来。

梳状测试

该测试中,钢样品会首先涂上防腐蚀漆,然后按图 10.61 所示对裸钢进行线刻蚀。一般采用光刻蚀的方法。最后,金属再浸入到酸浴中(如 100℃、15 min)。腐蚀会很快发生于金属上,产生两个方向的"梳齿"。梳齿边缘并非附在它们的长度

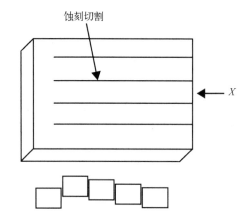

从X端面看，内部压力释放产生梳齿缺陷

图 10.61   梳齿腐蚀法

方向上，并且残余的应力会不平衡而将梳齿变形。于是，根据纯粹经验评估梳齿的变形，以判断应力水平"好"、"一般"或"差"。

该方法在使用过程中，偶然被发现可以用来优化减小材料引入的内应力。

10.26.7.10   毛刺

不可避免地在电工钢的冲裁和剪切过程中会产生毛刺。图 10.62 为毛刺。冲裁和剪切工艺的设计好坏可以决定毛刺的结果好坏。通常意义上讲，钢如果比较软，毛刺长度增加；如果很硬，剪切会比较干净。剪切冲裁的艺术虽然繁琐复杂，但也是科学和艺术的结合。

我们很容易理解为何需要对毛刺进行评价。很显然，毛刺会造成叠片间短路，这是铁芯制造所不愿见到的。图 10.63 是毛刺的示意图，x 表示毛刺的高度，一般在微米量级。

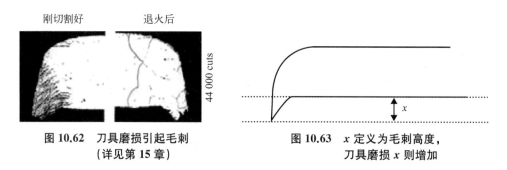

图 10.62   刀具磨损引起毛刺（详见第 15 章）

图 10.63 x 定义为毛刺高度，刀具磨损 x 则增加

毛刺一般比较脆弱，如果采用千分尺进行测量，有可能会将毛刺压平。一般测量时会在专用平整桌面上进行测量。在测量毛刺高度时，千分尺脚部需要慢速逼近，在有电子接触时迅速读数。毛刺顶端十分脆弱，对用户来说可能不太重要。对薄板剪切边缘多次测量，可以计算出毛刺的平均高度。

毛刺整平

某些剪切工艺会采取一些特殊工艺，如后剪切、毛刺平整/磨辊等工艺去除掉毛刺的主要部分。剪切边缘喷气加热的方法"燃烧"掉很薄的毛刺，使其难以破坏涂层[15]。

10.26.7.11   平整度

平整度是电工钢的另一个性能要求。平整度主要取决于冷轧工艺。这里就不具体讨论冷轧工艺的理论了。一般来说平整度与以下因素有关：

辊轮大小；

后拉力；

卷曲拉力；

润滑——常规润滑与沿带宽方向不同；

压缩量；

带钢温度；

辊轮速度。

这些参数都可以通过计算机进行实时控制，以生产合适精确平整度和厚度的带钢。当轧制过程是最后一道工序时，需要得到平整度的要求就越高。

当轧制过程是为下步工序提供钢材时，此时平整度的偏差越小会有助于长生产线上带钢的控制。

商业上也有一些系统可以对平整度进行评测。在轧制过程中使用的术语是"形状"而非平整度。该术语是描述沿着钢带宽度方向，不同位置处金属纤维的长度。典型的情况可以被称为"波形边缘"、边部起翘、中部松弛等。非对称的形状特征往往不受欢迎。

在轧制过程中，钢带往往会收到拉伸作用而呈现平整表面，而当拉力释放时，就会产生"形状"特征。

就商业角度，波形会由波长和波高来衡量。产品标准对此都有明确限制要求。最近使用的形状测试中"I"单位是指 0.001% 的长度误差。

钢带会在约几百米、800℃左右的连续退火炉中退火处理。在出炉前需要在每级 100℃ 的温降中冷却。有一种有用的冷却装置称为喷气式冷却器。该装置通过对热的钢带喷放低温气体散热。

冷却过程的精确控制是必要的，因为产品会因边部的冷却速度快于中部而产生"形状"和内应力。

如果在高氢的脱碳气氛中，流动的气体质量会因相比于其散热能力而变得很低。因为每摩尔的气体会带走相等于其温升相同温度所需要的热量，而 1 mol 的 H_2（22.4 L）仅 2 g 重，1 mol N_2 重约 28 g。

起拱

钢带的内应力会产生起拱现象，尤其会发生在剪切工艺中。图 10.64 很好地说明了这个现象。起拱程度需要严格控制在可允许的范围内，并且在剪切

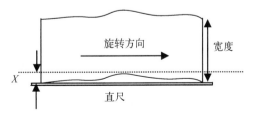

图 10.64 轧制板的起拱（扩大比例）。X 值是指在 1～2 米长的板料起拱时，需对其起拱部分剪成直边的值

工艺中也需要进行控制和预防。

边部减薄

冷轧工艺本身不可避免地会造成不能达到精确的矩形横截面。其中,生产所不愿看见的特征为"冠形"和边部减薄。宽度方向的厚度起伏对后续产品薄片堆叠不利,图10.65即"冠形"和边部减薄,并揭示了堆叠时所受的影响。当然,边部虽然可以被切除,但是这样会带来更多成本开支。目前也有许多特殊的方法,如特殊形状辊、轻微交叉辊以及其他形式以减少边部减薄特征。

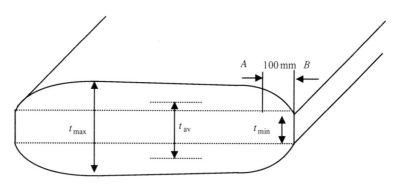

冠$=t_{max}-t_{av}$。A—B边部损失是沿着边部的厚度改变,夸张地显示了厚度变化。

有锥尖的钢片堆叠只在单个堆叠旋转时才呈现水平

图10.65 "冠形"和边部减薄

叠片堆叠时的渐进旋转不仅是为了平衡边部减薄的影响,也可以平衡材料磁性各向异性的影响。国内外都有标准来限制"冠形"和边部减薄特征。

"冠形"和边部减薄特征可以通过热轧或交叉热轧时,选择外部间隙大的辊缝减小。

10.26.7.12 污物

以前的电工钢在不同生产工艺过程中,会在钢带表面引入一层污物层。污物层的成分可能包括有轧制润滑油、退火微薄片等。

污物层可以通过胶带以及反射法观察和消除。采用透明纤维胶带黏结到钢带表面,再进行剥离会使污物层随之离开钢带表面。将剥离出的胶带贴合到一张白卡上就可以方便进行污物的观察,如图10.66所示。

从数值客观性角度来说,可以对胶带在贴合钢带和白卡两个阶段剥离污垢后的光学反射率相比较。

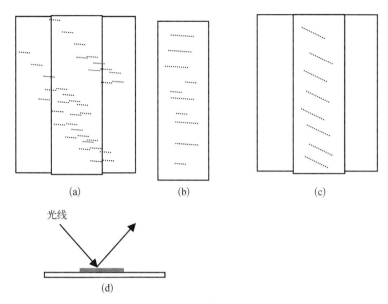

图 10.66　污物层评测

（a）钢带；（b）除去胶带；（c）胶带贴在白卡上；（d）钢带和白卡上的反射测试

10.26.7.13　冲片性能

冲片性能一般是指在测量剪切边毛刺高度前，使用标准冲头模具对给定的牌号钢材冲裁的参数评估。

冲片性能一般与以下因素有关：

钢铁化学成分：如 Si、P 含量；

涂层：磷酸盐涂层不利，有机涂层有利；

模具润滑；

冲头/模具设计；

钢的硬度；

这些参数都是相互关联的。

磁性能总是与冲裁质量有联系。因此，冲裁工厂总是面临既要经济地生产冲片，又要保证能够优化钢铁的磁性能。

10.26.7.14　热导率和电导率

电工钢整体的电导率与 Si 含量紧紧相关，如图 10.67 所示。一般来说，根据化学分析，可以通过使用替代元素获取相近的电导率，Al 元素就是其中之一，如图 10.67 所示。

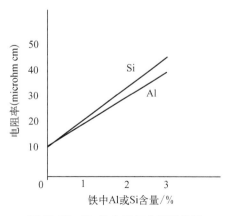

图 10.67　Si、Al 含量与电阻的关系

爱泼斯坦测试钢带就是便于测量电导率的样品,可以通过如图 10.68 所示的四端点电阻测试方法进行测量。通电电流会从样品两端流进流出,测量远离两端的中间两点间的电位差。

图 10.68　四端点电阻器

Van der Pauw[16]和 Sievert[17]在各自文章中都介绍了简便的密度和电导率测量方案。

在 Van der Pauw 的方法中,任意形状的钢板都可以快速测量。该方法也收录于标准 BS6405 part 13,1996 中。Schmidt 和 Huneus 也对这一方法进行了优劣性研究[18]。

另外,可选的还有一种特殊的 Maxwell 电桥方法。钢的电阻值同温度有关,无碳合金钢(12 $\mu\Omega$cm,20℃)的电阻率-温度系数为 0.35％/℃。对于合金钢,电子会交互流动,3％的硅钢(50 $\mu\Omega$cm,20℃)的电阻率-温度系数仅为 0.1％/℃。

这些数据有助于测量热导率。在电机中,铁芯叠片会因铁损和铜损而经常成为散热的主要渠道。于是热导率就显得尤为重要。

电导率和热导率的关系可以由洛伦兹公式得到

$$\frac{热导率}{电导率} \approx 常量$$

对于常规单位制来说,该比值约为 3。洛伦兹比公式为

$$\frac{热导率 \times 电阻率}{开尔文温度}$$

此比值约为 3×10^{-8}。

注意,电阻率是电导率的倒数,所以洛伦兹比实际上是热导率和电导率乘积除以绝对温度。洛伦兹比的维度是电压的平方/开尔文温度的平方。

通过该关系式可以预测钢铁的热导率。当然,叠片堆叠横向的热导率要远低于厚向的热导率,如图 10.69 所示。堆叠整体热导率一般是金属本身的 1/40～1/30。表面涂层、粗糙度以及装夹压力都会改变热导率数值。

当测量堆叠整体热导率时,需要使用恒流热导装置,包括热保护圈和长时间维持平衡。一般来说这种测试不太常见。

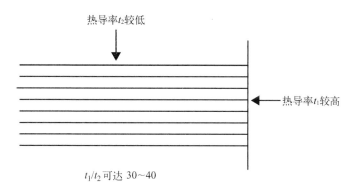

图 10.69　叠块各方向上的热导率

典型的热导率约为(平行于薄板平面)：

晶粒取向钢：26~27 W/mK；

1.3%硅钢：45 W/mK；

无硅钢：66 W/mK。

堆叠平面法向的热导率值与涂层、装夹压力、碟片厚度有关，数值一般是典型面内值的 1/40~1/30。

热导率的单位是 W/mK。

耐溶性

虽然这并非是物理测试过程，但是知道电工钢的耐溶性十分必要。很多电机是一个完全密封系统，内部的电工钢叠片会长期置于制冷剂中。一般会采用测试溶剂测试带涂层钢的耐溶性，细节会在涂层章节介绍。新的绿色制冷剂更替意味着带涂层的钢也需要经常检测。

快速硅含量测试

硅钢和中性钢接触时会产生热动势，这是因为钢材料内含有 Si 的缘故。这个现象意味着可以通过探针接触钢表面就能测量出 Si 的含量。带有加热元件的探针会使接触点温度达到 100℃左右，探针内的热电偶可以测出真实温度。

通过微处理器对温度及热动势的数据进行处理就可以得到 Si 含量。另一端采用冷的连接方式完成电路回路。文献[19]对该系统有详细介绍。

10.26.7.15　热膨胀系数

有时，电机定子套箱的紧密程度与材料的热膨胀系数有关。电工钢的热膨胀系数约为 $12 \times 10^{-6}/K$。

10.26.7.16　叠片系数

爱泼斯坦钢带堆叠会被施加 $1 N/mm^2$ 的压力，然后通过刻度尺量其厚度。从样品重量和体积可以算出堆叠的有效空间，如此可以得出一个百分比数，即叠片系数。

参考文献

[1] GUMLICH, E. and ROSE, P.: *Electrotechnische Z.*, 1905, **403**.

[2] BURGWIN, S.L.: 'A method of magnetic testing for sheet metal', *Rev. Sci. Inst.*, 1976, **7**, p. 272.

[3] *ASTM Symposium on Magnetic Testing* (1948) Special publication No. 85, ASTM, p. 167(c).

[4] NORMA U-function meter, instruction manual, Norma Messtechnik GmBH, Vienna.

[5] DANNATT, C.: 'Energy loss testing of magnetic materials utilizing a single strip specimen', *J. Sci Inst.*, 1933, **8**, pp. 276–85.

[6] BECKLEY, P.: 'Continuous power loss measurement with and against the rolling direction of electrical steel using non-enwrapping magnetisers', *Proc. IEE*, 1983, **130** (6), pp. 313–21.

[7] BECKLEY, P. and LODGE, J.: 'A magnetisation system for a thin steel flaw detector'. *British Journal of Non Destructive Testing*, 1977, pp. 19–20.

[8] GOLDING, E. W.: 'Electrical measurements and measuring instruments' (Pitman, London, 1949).

[9] BOON, C. R. and THOMPSON, J. E.: *Proc. IEE*, 1965, **112**, p. 2147.

[10] EWING, J. A.: *IEE Proc. Inst. Electr. Eng.*, 1895, **24**, p. 398. Also STARLING, S. G. and WOODALL, A. J. 'Electricity and magnetism' (Longmans, 1953), pp. 284–5.

[11] SCROGGIE, M. G.: 'The design of iron core chokes', *Wireless World*, 1 June 1932, pp. 558–61.

[12] BS 6404 Pt 11 1991.

[13] BECKLEY, P., *et al.*: 'Impact of surface coating insulation on small motor performance', *IEE Proc. Elec. Pow. App.*, 1998, **145** (5), pp. 409–13.

[14] SOGHOMONIUM, Z. S., BECKLEY, P. and MOSES, A. J.: 'On-line hardness assessment of CRML steels', *Amr. Soc. Materials Conf.*, Chicago, Oct 1996.

[15] CARLBERG, P. M.: 'The cutting of electrical steel sheet', Jernkontoret Punching Conference, Stockholm, 9 November 1971.

[16] VAN DER PAUW, L. J.: 'A method of measuring specific resistivity and Hall effect of discs of arbitrary shape', *Philips Res. Repts*, 1958, **13**, pp. 1–9.

[17] SIEVERT, J.: 'The determination of the density of magnetic sheet steel using strip and sheet samples', *J. Magn. Magn. Mater.*, 1994, **133**, pp. 390–2.

[18] SCHMIDT, K. H. and HUNEUS, H.: 'Determination of the density of electrical steel made from iron–silicon alloys with small aluminium content', *Techn. Messen.*, 1981, **48**, pp. 375–9.

[19] Richard Foundries Ltd., Phoenix Iron Works, Leicester, LE4 6FY.

拓展阅读

HAGUE, B.: 'Alternating current bridge methods' (Pitman, London, 1938).

第 *11* 章　成本和质量控制

>>>

钢铁冶炼学家们非常乐于研究冶炼具有一流磁性能的高质量电工钢,同时电机设计者们也致力于设计生产高质量的电机,但这两者都受到经济成本的制约。因此,钢厂会在减少经济成本基础上进行平衡,一般来说,会从以下几个方面着手:

(1) 电工钢元素成分;

(2) 轧制方式和热处理工艺;

(3) 涂层。

电机制造者致力于采用低成本的原料和制作工艺生产电动机或发电机,他们需要考虑以下几个因素:

(1) 高效节能,低铁损、铜损;

(2) 小质量、小体积、高驱动力;

(3) 工况运转速度范围广;

(4) 良好的起动和工作扭矩特性。

假设一台电机目标为低能耗,那么低铁损牌号的电工钢是必需的,其次需要更薄,比如 0.35 mm,以及较高的合金元素含量,如 3.2% Si。选择薄规格的电工钢需要更多考虑冲片以及制造变形受损因素。如果采用高硅含量的电工钢,电机性能会在中等电磁感应强度时(约 1.5 T)表现最好。在中等磁感应条件下,电机需要一面更大的横截面产生磁通量的输出,而更高的横截面又要求更长的铜线来进行绕组,增加了铜损。如此一来,电机体积和重量都会变大。然而,薄规格和高电阻率的特性使电工钢在高频的工况下性能更好。

电工钢的电阻率的升高伴随着热导率的降低,所以电机的冷却性能也是一个难题。

电工钢涂层的选择主要取决于电机的体积(层间电动势)以及冲裁质量(毛刺尺寸)是否有绝缘的必要。一般而言,低铁损电机的制造需要薄规格、高电阻率以及相应最优的结构设计。

大胆假设一下,如果最低成本是目的,那么我们会选择厚规格,约 1.0 mm、无掺杂,以及无涂层的钢材。铜损会因电机的横截面的减小而降低。如果在 $B=$

1.8+T 的工况下,高磁感电流会直接通过铜损产生能量损耗(最高的励磁条件下具有低的磁导系数)。只采用最低成本的热处理工艺和初步脱碳处理也可以使炼钢成本降低。如此一来,这样的电机会便宜,且小而轻,但是发热很高。显然,这仅适合于低周期的工况。

如果电机必须足够的小而轻(例如航天领域),那么工况必须要维持在高磁通密度和高频率的条件下。因此,超薄的电工钢,如 0.1 mm,既要求有 3.5% 的硅含量,又需要特殊的钴元素掺杂。当需要良好的高温稳定性条件时,例如飞机引擎周边设备,无机的表面绝缘涂层及钴元素掺杂则是合适的选择。

在电工钢生产流程当中,经济性指标将由以下几个方面保证:

(1) 正常量产中特定元素含量(无特殊牌号制备成本);

(2) 省去脱碳和脱硫处理;

(3) 热轧工艺阶段省去均质化热处理;

(4) 确定链式脱碳处理程度;

(5) 选择箱式或链式热处理(在给定流程下,两者中任何一个都可能是最为经济的工艺);

(6) 运用关键晶粒生长工艺或者不用;

(7) 运用一种涂层,或者不用(一旦选择需确定特定类型)。

显然,对于钢材生产厂家来说,越少的钢材特定需求就使冶炼成本越低。如果需要量产特定功能牌号的钢材,生产厂家需要详细的市场评估和与潜在客户合作。通常情况下,电机生产厂家会从特定的冲片厂商那获得大量冲片,而没有与钢材生产厂家进行直接联系。如此一来,冲片厂商会根据电机生产厂家对硅钢片性能需求确定合适或相近的牌号材料。这种弹性机制防止了钢材生产厂家与电机设计商的合作成果被第三方窃取。

未来的发展方向是材料冶炼设计和电机设计者能够协同优化,研究出更为创新优秀的材料。

11.1　实际成本

电工钢产品市场价格受到诸多因素影响,其中一些在下文中列出。一般来说,任何牌号钢的价格跟具体时间有着直接关系,但以 2002 年为例,半成品的价格约为 250~400 英镑/吨,成品钢 400~800 英镑/吨,取向钢 1 000~2 000 英镑/吨。很多人肯定会问为什么价格差异这么大,主要因素有:

元素成分,ULS 每种元素的掺杂都会对成本造成影响;

Si 含量,硅钢的价格较高,而且轧制过程对轧辊伤害很大;

板厚,直接影响轧制过程;

冶金过程,织构、各向异性以及晶粒大小的要求;

磁性能,铁损和磁导系数指标,轧制次数以及热处理工序步数会造成磁性能的影响;

涂层,简单涂层、复杂涂层、抗热涂层或无涂层;

处理状态,半成品或成品;

出售版式,整卷(约 20 吨)、切割成板或其他,切割和冲剪过程成本较高;

商业流程,货量、出货率、支付方式;

物流,离岸价格或运输至用户地址。

对于汽车来讲,小和燃油经济性,与大和笨拙对比,成本同样都很高。供需关系决定了成本。一般来讲具有钢铁库存的批发商会承担库存成本,而需要千吨级的用户和钢铁制造厂商的合同中会包含特殊牌号钢材研制成本、特殊元素掺杂成本以及物流配送成本。

有些国家会要求包装统一为一种颜色或者必须恢复为原产地包装,这样也会使成本增加。

世界各地一系列的税收以及贸易政策也会对钢铁交易造成影响。电工钢是世界上重要的软磁功能材料。特殊钢种如钴钢用于航空领域,这些材料价格已超出本书讨论范围,可能远高于几千英镑每吨,但该领域用于科学研究,可以不考虑重量、数量和高温性能引起的成本提高。

11.2　特殊应用实例

下文描述的实例不涉及目前具体出售的设备,但会说明所涉及的方面。

11.2.1　暖风机电机

暖风机电机很小,并且还要驱动内置的加热风扇。由于本产品本身用于产热,所以对材料并无特殊高能效的要求。该产品电机需要噪声小、可靠、寿命长、价格低、输出扭矩稳定,故一般采用罩极电机。风扇的负载一般会造成电机运转速度低于同步速度,并且扭矩传递会受到空气流滞影响。

电机定子绕组需满足 230 V、50 Hz(英国)的要求,而且铁损值需足够低以保证绝缘绕组不会因过热而烧坏,轴承不会因过热而永久干燥。电机设计过程中还需要考虑到不会因风扇的失速和装置输入输出传动的阻塞而失效的因素,并采用过热自动切断功能。因此,定子钢不需要低损耗但是需要在温和磁场下传输稳定密度的磁通。综上要求,一般 0.65 mm 的采用脱碳和脱硫处理的半成品低硅电工钢即可。

合适牌号：1000 65 D5/M1000 65 D；

最大铁损：10 W/kg(B_{max}=1.5 T,50 Hz)；

0.65 mm 厚,无涂层。

该牌号冲片性能较好,仅需简单最终热处理即可。

总结：核心材料价格低廉,不需要低铁损和涂层。冲片后的热处理工艺会使叠片表面产生氧化物造成绝缘,从而不需要特殊涂层绝缘处理。

11.2.2 车床电机

这种电机一般为 5 kW、三相感应电机,能效 80% 以上。车床制造厂商一般会采购该种电机进行车床整体装配。车床使用者一般不会考虑电机的具体能效。这种电机的工况一般是间歇的,承载常常在空载和满载间切换,并且受齿轮、传送带等传动机构影响系统效率较低,因此这种电机能效要求不严格。这种电机一般推荐使用 890-50-D5/M890-50D 牌号,0.5 mm 厚度钢,或者更好一点的牌号,能效在 88%～90% 即可。

欧洲相关立法机构正开始着手于限制低能效钢材,此举对高性能钢材意义非凡。

另外,如果车床采取电子设备来控制速度,那么需要降低电机额定功率以平衡电机工作波形谐振的影响,或者采用脉宽调制模块。

综上,合适的牌号为 Polycor 570.65D5/M570.65D。

11.2.3 150 kW 大型风机

这种电机一般用于驱动大型工业厂房或化工厂房的通风系统。该特殊的用途使用户考虑重点在于低铁损带来的成本节约而非电机整体寿命。因此能效在 90% 以上的 0.5 mm 全工序 1%～3% 硅钢是满足要求的,合适牌号为 M530-50A。

11.3 同牌号钢材本身功能特性分布

人们总是希望生产出的一批钢材本身的功能特性各处区别不大。然而,严格控制特性分布差异会造成成本的大大提升,也会产生一定的废品和浪费。

由图 11.1 可知,钢材的铁损值的分布与测试发生率有关。显然,所有人都希望 $L-E$ 区域内的钢材,然而,如果某牌号最高值是 R,平均值为 M,那么做一些适当的营销方案是必要的。

可能的方案如下：

提供一个特定价格下的全部性能统计分布图供选择,不去除 $L-E$ 区域；

提供一个去除 R 的整体统计分布图；

按客户要求，在 L - E 区域溢价，在 R 区域进行折扣。

显然，电机设计者一般基于钢材性能分布在可容忍范围内，设计重点关注模态特性和牌号极值等参数。而进一步的，设计者还必须要考虑到原材料的性能分布和差异化。图 10.45 说明了在电机生产过程中会产生的一些问题。如果特性提升和分布剧烈，那么原材料就影响程度更加有限；反之亦然。

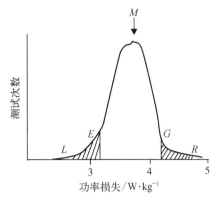

图 11.1　铁损统计分布图

钢材的特性劣化已经引起很多学者关注和研究，并设计了一系列的方法保证充分使用钢材的最佳特性。

以下几点需要重点考虑：

防止装配时引入应力；

合适的热处理规范，尤其对于超低碳钢；

冲裁过程防止引入毛刺致层间短路；

转子端面和孔边缘打磨防止碎屑引起短路。

电机生产厂商向冲片厂商购买铁芯叠片时很少有机会直接匹配相应性能材料，因为这些原材料的来源及标准都属于保密信息。然而，如果他们有自己独立的冲片设备和热处理设备，并且直接从钢厂购置钢材，那么电机的性能和成本都会最优。

第12章　竞争品种

电工钢是成本优势下磁性能最优的钢种之一。其他的材料或多或少在性能方面有好有坏,并且大多数都是成本过高,它们只会应用在特定性能、特殊应用场合,如图 12.1 所示。本书将对这些材料进行简单的介绍。

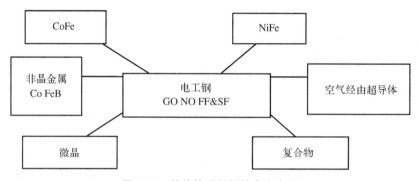

图 12.1　其他软磁材料的商业应用

12.1　镍钢

镍是一种很昂贵的金属,当它和铁掺杂合金,并含量在 $30\%\sim80\%$ 时,镍钢会展现出不同于普通钢和硅钢的性能:

(1)非常高的相对磁导率——最高值达到 10^6。

(2)降低磁饱和度——$1\sim1.5$ T。

(3)居里温度在 $300℃\sim550℃$。

(4)矫顽强度在 $1\sim10$ A/m。

高磁导率和低矫顽特性使得镍钢材料是电子屏蔽应用的首选,同时从镍钢的 B-H 曲线也可以得出其低铁损和高电阻率的良好特性。

低磁饱和度、低居里温度和高成本是制约镍钢广泛应用的主要因素,同时镍钢还具有很高的应力敏感性。在双极屏幕场合中,需要很高的磁屏蔽功能,那么一般电工钢会使用于第一层的磁分流,镍钢适用于第二层的磁清除。镍钢一般多应用于脉冲式变压器等类似设备,而很少应用于旋转电机。

12.2　钴钢

加入钴后,钢磁饱和度可提高。一般 2.45 T 的磁饱和度对应的钴含量约在 25%,此时的居里温度会高于 900℃。钴是一种昂贵的金属,虽然它的高磁饱和度和高温性能表现非常好,但也只会应用于一些非常重要场合,所以一般高含量的钴钢都是需要回收再利用的。目前,钴钢在航天航空的旋转电机中应用较广。

12.3　非晶合金

通常来讲,电工钢铁损降低和磁导系数增加可以通过提高金属内部晶粒取向优化和洁净度来实现。

事实上还有一种选择可以实现。如果合适的合金极速冷却,它可能会出现非晶凝固,原子在正常形成晶体前就被锁定,这种结构类似于普通玻璃结构,但它不稳定,会在适当的条件下再次形成晶体。

图 12.2 勾勒出融态自旋的基本概念,在这种状态下,一种适当的液态金属会极速地形成一种薄的固体态。

这种非晶合金的超优性能主要表现在厚度和高电阻率,如 30 μm 厚,100 $\mu \Omega$cm 以上电阻率(绝缘涡流),磁畴运动十分自由。硅钢的研发者一直致力于如何减少阻碍磁畴运动的缺陷。非晶合金内部可以被认作一个整体的位错平台,所有的磁畴壁能量相同,故磁畴运动自由,磁化过程更简单。

旋转铸造技术现在已商业应用于生产宽度 30 cm 以上的带材。这种极速冷却的方式会导致材料本身内应力很大,需要进行去应力退火,但一般温度较低,约 250℃,防止内部结晶。

这种高等级工艺保证金属内部非晶化目的是使磁饱和强度相对很低。通常条件下,非晶硼钢的磁饱和强度在 1.6 T 以下。

尽管非晶合金的铁损只有晶粒取向硅钢的 1/3,但其生产成本、处理工艺以及压应力控制方法等导致它不能广泛应用于大型设备。

含钴非晶合金的良好性能非常适合用于小型逆变器,其高成本限制了应用设备的大小。目前有人尝试生产多层非晶合金并叠制成 0.2 mm 厚,这种方式可以很好地将非晶合金堆叠,但是目前商业广泛应用时机还不够成熟[1]。

非晶材料应力敏感性可在应力传感器的发展中发挥较大作用。

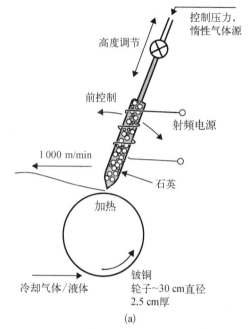

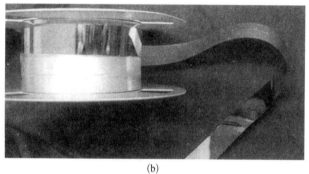

图 12.2　(a) 非晶合金生产过程;(b) 非晶合金带产品

12.4　微晶合金

非晶体材料的旋转铸造技术也可以应用于无须形核的非晶合金,这些无法正常轧制的合金可以用于制备微晶态的延性合金带,可以具有很好的磁性能。这些材料内部缺少结构框架,所以磁化饱和度不会受损。

微晶合金类似于非晶合金采用了极速淬火工艺。另外,还可以采用喷雾固化工艺制备,这种工艺中晶体大小与喷雾的大小有着直接关系,并有利于后续晶体大小的控制。一旦解决喷雾工艺产钢的表面粗糙度问题,这项工艺就可能得到迅速发展应用。

12.5 复合材料

目前减少电工钢涡流损失的方法主要是薄规格化和提升电阻率,这就需要铁芯必须由叠片叠装而成。如果可以制作成一个复合的整体铁芯,内部分散着各种合金小颗粒,并且合金颗粒表面附着很薄的绝缘涂层,这样也可以控制涡电流。

瑞典的 Höganäs 以及美国的 Magnetics International, Inc.[2,3] 曾经开发过一种工艺,就是将复合物温合地压成一种最终电机需要的固体形状。专业的电机设计中,通常将复合材料压制成最终铁芯要求的形状与尺寸。

对于传统电工钢来说,高频高速电机的性能要求越来越严格。这种粉末复合制作铁芯可以保持涡流损耗不随频率的升高而变化,并且还具有随意造型的优点。

复合材料的合适频率范围为 $100\sim1\,000$ Hz,其磁导系数也会由于独立的绝缘涂层和相应的消磁影响而降低。然而,如果采用针状颗粒,这些影响会减小。在 1.5 T 以上时,磁导系数相比带钢大大降低,但在高频条件下,实体钢不会应用于 1.0 T 以上的任何情况。

复合材料铁芯的密度与硅钢叠片铁芯的整体密度相对接近。如果颗粒中掺杂 Si 或 P 元素,其涡流电流损耗会进一步降低,电阻率会进一步提高。当然,这种结构会使磁畴结构不易运动,从而反向影响复合材料的磁滞损失。

总的来说,这种材料主要应用于磁屏蔽设备中,并且工作频率一般在 $500\sim1\,000$ Hz 范围内。材料的可压缩形状特性和三向磁流通特性给予电机设计者一定的创造空间。

水雾化用于生产粉末,但其发生的自然表面氧化现象可能会被成型剂的绝缘效应加强。在生产过程中,会或多或少使用一些黏结剂以平衡一些有益和有害的影响。因此,迄今为止,尽管晶须化学生长的传闻不绝于耳,但生产针状颗粒的技术还是个商业秘密。

12.6 空气超导

在功率设备中认为空气是磁通传输的媒介看似奇怪,然而超导的实用性是使超导螺线圈内容纳大量的电流。这个技术现在已经部分应用于某些多磁场耦合的医疗检测设备中。

最初液氦的低温(4.2 K)条件被用作制备超导体,但随着科技和新材料的发展,现在可以通过液氮的低温(77 K)条件进行制备。目前,已经发现越来越多的高温超导体,因此在未来的某天可能会发现室温超导的材料。

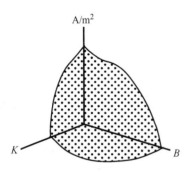

图 12.3 超导角（温度 K，磁场强度 B，电流密度 A/m²）

超导体并非无限制的传送场能，因为必须控制到特定电流上限以下，以防它恢复成普通导体状态，磁场限制也是如此。图 12.3 解释了这种现象，超导的区域是阴影部分，当温度升高时，阴影部分会收缩至一个角落，并会在温度为 T_{crit} 时消失。

尽管有一些限制，但超导体的应用具有很大前景，因为它可以使得电机无需铁芯。然而即使如此，铁芯饱和磁场提供的 2 T 会成为超导线圈补充。

参考文献

[1] MOSES, A. J.: 'Electrical steels: past, present and future developments', *Proc. IEE*, 1990, **137**, Pt A (5), pp. 233–45.

[2] *Soft magnetic composite update*, Vol 1, No 1, 1997. Höganäs AB, S263 83 Höganäs, Sweden.

[3] Magnetics Int Inc. 3001 East Columbus Drive, East Chicago, Indiana 46312, USA.

第13章 厚度评定

>>>

厚度是电工钢的关键性能指标,减小厚度能够抑制电工钢的涡流损耗,但会导致成本增加,降低铁在定子铁芯中的比例。功率损耗的测量中通常要求保持峰值功率密度恒定,如 1.5 T,并且通常要求金属的截面面积已知。截面宽度和长度相对来说容易测量。损耗的单位是 W/kg,质量可以通过长度、宽度、密度以及厚度计算得到。当损耗以 W/kg 为单位,从而需要测量质量时,质量可以通过称重设备直接测量得到,利用密度的经验值,可以计算得到截面面积,继而计算出厚度。在其他的情况下(如生产线上),厚度容易测量,质量可以通过利用宽度、长度、密度经验值计算得到。

由于钢材的体积占据着电机铁芯中的空间,利用 W/m³ 来表征损耗可能会更准确。但是,钢材的生产销售中形成了根深蒂固的以质量计量的买卖方式,这种以体积表征损耗的方式在实际中很难得到应用。

厚度毫无疑问是最重要的电工钢性能指标,范围通常在 0.2~1.0 mm。

13.1 磁测量

长度和宽度已知的爱泼斯坦测试试样通常由精确校准过的剪切机或冲裁模具获得。这些试样的尺寸通常可以由可跟踪的卡尺计追踪,从而将偏差控制到很小的范围。为了获得截面面积,从而方便设定磁感应强度值,电工钢带的重量通过称重得到,称重天平具有极高的精度并且具有良好的可追踪性。

$$截面面积 = \frac{质量}{长度 \times 密度}$$

密度可以采用经验值(例如,对于硅含量为 3% 的电工钢,可以采用 7.65 g/cm³)。如果是新牌号的电工钢,或者采用了新的合金元素,可以用以下两种方法来测量密度:利用合金元素含量与公认密度之间的关系来确定密度,如图 13.1 所示。

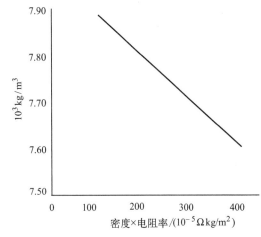

图 13.1　密度与密度及电阻率乘积的关系

密度可以通过称重法来进行测量。这种方法中,需要分别测量试样在空气中的重量与在水中的重量。

材料为硅及铝总含量超高 3% 的硅钢,密度与电阻率的乘积可以由爱泼斯坦钢带的测量电值中推导得到,该电阻是当钢带作为四接口电阻器时的潜在阻抗。电阻 = 电阻率×电路长度/(电路宽度×厚度),质量 = 长度 × 宽度 × 厚度×密度,因而,电阻率×密度 = 电阻×质量/(长度×电路长度),密度×电阻率即可很容易得到测量,而密度能够从图中读出。

当化学成分上的偏差能够被控制到非常小的范围时,这种方法看上去非常简单。实际上,该方法在操作上非常繁杂困难。

需要采取以下措施来控制精度:控制温度,使水的密度已知;去除水中的气体(先煮沸然后冷却);去除附着在浸入水中试样上的气泡(仔细涂刷)。

考虑物体支撑部位浸入水中时表面张力的影响需要做一定的补偿。当支撑物体及温度已知时,补偿量可以计算得到。同时,可以往水中加入减小表面张力的物质,并且控制加入物质的量,保证水的密度不会发生显著改变。

测量一系列具有代表性的试样的密度,将密度测量结果与化学成分分析得到的合金元素结果进行对比回归分析。由于测量流程非常复杂,传统的密度测量方法应用更加广泛。总体来说,如果测量得到的密度误差范围能控制在 $\pm 0.1\%$,就可以认为达到了还算不错的精度。

最终,试样表面的涂层的影响需要在计算时剔除,或者在测试开始前进行涂层去除。

通过采用精确天平测量质量,基于经验图测量密度,可以获得在某个特定磁感应强度 B 下的能量损耗(W/kg)。

叠片系数或空间占用率是被重点关注的指标,该指标表征特定叠片空间中金属部分所占的比例。24 片爱泼斯坦方圈试样的真实厚度可以通过计算得到(单片厚度×片数),然后试样被放置到压紧夹具中,外部设备给夹具施加压紧力。叠片的真实厚度与压紧叠片的实际高度相除,可以计算得到叠片系数:

$$\frac{真实厚度}{测量厚度}\times 100=叠片系数$$

　　叠片系数值通常会超过 90。同时,叠片系数值既会受表面涂层影响,也会受表面粗糙度的影响。表面粗糙度有时会被人为地增大以便于气体进入钢板间,避免钢板粘到一起,有的牌号的钢板不对表面进行抛光处理或者使其尽可能的平顺。

　　在实际工厂生产中,在很多地方需要用到厚度。例如:在线磁测量时需要计算截面面积(设定 B 值);需要校核生产得到的厚度与计划厚度是否一致(产品生产质量指标);需要控制轧机的操作。在这些需求中,都需要对厚度进行在线连续测量。

　　我们有以下问题:什么是厚度? 理论上来说,厚度是金属板的上表面与下表面之间的距离。这个答案没有问题,但是,金属钢板的表面怎么定义呢? 从工程上来说,通过采用毫米计进行测量,可以得到钢板的厚度。细心的工程师会利用游标卡尺测量特定温度下的钢板厚度,测量过程中保证应力适中,并进行多次测量,对多次测量的数据进行统计分析,获得准确的厚度值。图 13.2 为利用毫米计测量钢板厚度的示意图。钢板表面具有有限的粗糙小平面(图中进行了夸大表示),毫米计的夹头夹持在粗糙表面的尖端。如果厚度由重量计算得到,需要平均粗糙表

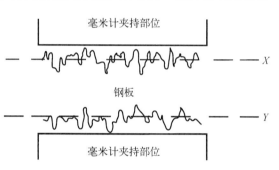

图 13.2　表面应该如何进行定义? 毫米计测量的是钢板的最上表面与最下表面之间的距离

面的尖端和谷底,表面位置将移动到图中的 X 和 Y 位置。这样,由毫米计测量得到的厚度与通过重量计算得到的硬度将存在恒定误差。

13.2　在线测量

　　钢铁行业对在线连续厚度测量技术有持续需求。基于接触式测量移动钢带厚度的方法,工业界设计了各种各样的测量设备。图 13.3 表示的设备中,厚度传感器部件采用了硬质钢轮,同时,有的设备中采用钢球。

　　经证明,辐射吸收法是可靠的厚度测量方法。图 13.4 表示基本的测量系统。广泛使用的辐射源包括:锶 90 发射的 β 射线,镅 241 发射的 β 射线,或 X 射线管发射的 X 射线。

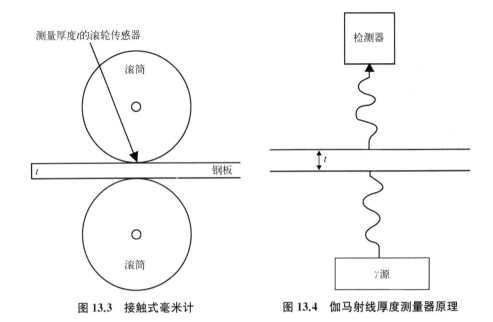

图 13.3　接触式毫米计　　　　图 13.4　伽马射线厚度测量器原理

13.3　β 射线

β粒子对于钢的穿透性不是很好,当粒子碰到金属表面时会出现明显分散现象,使有效的粒子屏蔽方法非常昂贵。吸收率和厚度的对数相关。钢中的合金添加物不仅能影响钢的密度,而且能影响对 β 射线的辐射阻碍能力,而这种对辐射阻碍能力的影响比对密度的影响更显著。由于这种影响的存在,使不同合金元素的电工钢对 β 射线阻碍能力变得更加复杂。

对现有尺寸的 β 射线源的量子数据,只有采取长时间的信号采集并进行积分,才能获得稳定的厚度数据。由于需要进行长时间积分,这种方法无法快速检测到生产线上的厚度改变。

13.4　X 射线

X 射线穿透能力很强,光子通量水平易获取且能够提供可靠结果。X‐rays 易校准,当 X 射线管关闭时,设备立即进入无辐射状态。然而,X 射线系统需要采用约 100 kV 的高压,考虑到安全性和绝缘需求,设备的配置非常昂贵。图 13.5 表示工业 X 射线管。

管内阴极发射控制 X 射线通量,通过精确控制阴极发射以产生稳定可复制光子通量相当困难。与之相比,以月衡量,半衰期很长的放射性同位素可被视为绝对稳定。

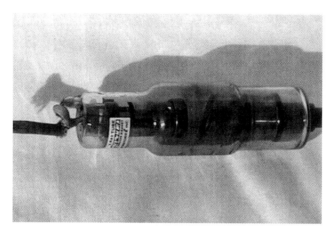

图 13.5　工业 X 射线管

13.5　镅 241

镅 241 是一种人工同位素,这种同位素能在 60 keV 电压下产生 γ 射线。这种射线能够准确测量厚度在 0.2~2 mm 范围内的钢板,通常情况下,这种厚度范围的钢板对测量的精度要求很高,而电工钢的厚度在这个范围之内。该同位素的半衰期是 458 年,因而几个月之内发射的粒子流可以认为没有明显变化。然而,从很小的区域输出的高粒子流镅信号源很难获得,这是由于该同位素很稠密,能够吸收自身发出的 γ 射线流。增大 γ 射线源的厚度不能够明显增加 γ 射线的输出量,增大 γ 射线源的面积能够产生更多的辐射,但是生产小且容易校核的 γ 射线源会更加困难。

在当前达成的妥协方案中,光束直径采用 2~3 cm,这种条件下对于钢板的厚度改变具有良好的空间分辨效果。当采集到的量子数据足够大时,超过 0.25 s 的信号积分即能够测量得到精确的钢板厚度,测量误差约为±0.25%。

由于钢板吸收的辐射量与板厚度的对数相关,通过对采集到的不同的数据进行平均,可以获得基于表面不平整度的平均值的厚度。

考虑到厚度测量过程的复杂性,需要建立厚度测量的规范并严格执行,规范中需要对采用的测量方法和需要测量的量进行严格规定。欧洲电工钢行业执行采用辐射测量仪进行厚度测量的规范,测量结果以与低碳软钢相同的形式给出,这是因为电工钢与低碳软钢具有相同的辐射吸收特性。

在实际测量之前,需要基于主要标准对测量系统进行校核,同时,通过与主要标准进行对比,能够归纳出日常标准。为了制定主要标准,往往会选择低合金的已知牌号的钢材,将一卷这种钢材进行轧制,逐渐减小轧制后成品的厚度,成品厚度范围覆盖工业界关心的范围。为了测定钢材的密度,采用了大量成本很高的重量测量方法,对一大卷钢材的不同位置进行采样测量。同时,钢材的化学成分以及冶金特性的一致性也被广泛测量。

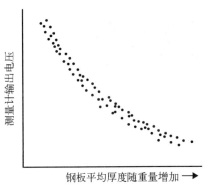

图 13.6　设备输出电压与试样厚度关系

这组试样被放入辐射测量设备,如下设置:当没有进入"测量"过程时,从检测器中输出的电压是每片试样的单独电压。最终,能够输出每个试样的平均厚度。表面尺寸可以由可追踪的游标卡尺进行测量。

单独的测试结果表明,当插入测试设备的尺寸变化时(如缓慢地填充或抽空一箱水,射线从水中横穿),设备探测器的输出电压单调变化。图 13.6 展示探测器输出电压与板厚之间的对应关系。

13.6　组数据加权

图 13.6 展示测量数据中存在一定程度的偏差。偏差与测量探头能输出的数据的精度相关(为了能够输出稳定的数据,需要较长的积分时间,如 10 s),也与计算得到的试样厚度的误差范围相关。

接下来的步骤是给每个试样分配新的厚度值,如基于图 13.6 的数据,在每组试样中划线确定平均值。通常,采用计算机在已知数据中划线。很明显,厚度的新值相当于采集到的数据的加权平均。

这批试样会被放入测量仪器中进行重新测量,采集新的数据。新的厚度和输出电压数据被画成散点图。第二次的作图比第一次更加紧凑。如果有必要,可以后续重新测量。操作结束之后,大约 200 组被关注的试样,被分成三组。第一组被命名为"保留的主要标准",被安全存档;第二组被命名为"可传递标准",被用来创建工作标准;第三组被命名为"保留标准"。

在法规中,低碳钢的辐射空间是所有欧洲电工钢组织开展的测量工作的基础,辐射空间与钢材的重量、几何尺寸及密度相关。

13.7　不锈钢标准

低碳钢属于活性钢材,且容易被腐蚀。基于以上原因,人们习惯采用不锈钢的测量标准。不锈钢的特定辐射空间值没有单独确定,人们往往通过与基于低碳钢的主要标准进行对比,给出"等效低碳钢值"。

调试和维护生产中使用的厚度测量仪器的工程师,在日常工作中需要用到一些标准。为满足这些工程师的需求,相关单位制订了一些日常需要使用的标准,并将这些标准发布给工程师。如果出现了损伤,这些标准件可以召回核对或重新评估。图 13.7 展示的是典型的生产测量仪器,图 13.8 展示的是一组发布的标准。

图 13.7 生产线上的辐射测量器

图 13.8 基于辐射法测量厚度的标准件

除了标准件本身的尺寸,校核标准件时,将试样放入标准件中的方式也非常重要。当辐射源发射器与试样的夹角不是标准的 90°时,试样的辐射空间会增大,散射的光子数也会增加。同时,测量得到的试样厚度与试样放入测量仪器中的方式相关,保证辐射源发射器与试样成 90°角非常重要,在这样的高度下,测试得到的厚度结果准确,可重复性高。因而,一般会制造精确的试样夹具,在测量时对试样进行装夹,这样,不仅保证试样本身的精度,而且保证了试样放置位置的准确性。

当试样由在线测量仪器进行观测时,信号积分时间将被增加到约 10 s,保证能够采集到最好的光子流数据精度。在实际使用中,测量仪器的响应时间常数会被缩短,信号噪声比例会减弱。

尽管在某一时刻测量得到的厚度值存在 0.25% 的不确定(在长时间积分条件下会达到 0.1%),整个测量系统的精度仍然会很高,这是因为在整卷钢材测量过程中,由于光子不确定性带来的偏差积分总和接近于 0。

一些商业的厚度测量仪器嵌入了内置的校核试样。通过对测量设备进行设置,不同厚度的试样同时进行测量,将这些试样的组合辐射容量进行叠加,可获得预期的标准试样值。基于分割辐射容量的方法也可以用于测量厚度,但这种方法的测量结果与基于全实体预期厚度的标准块的测量结果存在本质上的差别。测试结果表明,一些标准基于系列实验的内置试样的量子散点而工作,运用这些标准开展测试时必须将试样放置在不同的角度。欧洲电工钢技术协会采用全实体的标准件技术,描绘出基于感兴趣范围的测量仪器响应图[1]。

13.8　合金补偿

增加合金元素(尤其是硅)改变了材料的厚度与辐射吸收能力的对应关系。为了解决以上问题,相关人员开发了扩展程序,计算当合金元素变化时,测量得到的厚度与实际厚度之间的关系。在实际应用中,并不是直接对测量仪器进行修正,而是针对高合金元素材料,直接分配一个基于"等效中钢"的轧制目标厚度,这样,就能直接轧制出需要达到的目标厚度。由于基于"等效中钢"的轧制目标厚度在计算时考虑了合金元素的影响,这种方式会更加方便、易懂。

电工钢的需求商希望以实际的"微米厚度"对电工钢的厚度进行描述,这样,当包含合金元素的中钢等效目标厚度确定之后,需要引入一个系数,补偿生产中的等效厚度与轧制设置制造商的设定厚度之间的平均偏差。

厚度是电工钢的非常重要的参数。对厚度进行精确控制,不仅能获得厚度精确的电工钢,在开展磁性能测量时,也能获得准确的磁感应强度设定值。

在生产中,经验密度用来确定电工钢的等效中钢参数;在实验室的能量损耗测试中也会用到经验密度。欧洲电工钢组织为他们自己及英国其他的电工钢表面处理工厂制订了生产标准。

人们经常会遇到这样的问题:这个产品有多厚? 对于这个问题的答案通常是:厚度取决于你对厚度的定义。具有获得准确及可重复厚度数据能力的设备通常非常有意义。能够制订精确测量标准的前提是能够充分利用现代测试仪器,获得精确的厚度测量结果。

13.9　发展趋势

尽管基于辐射的厚度测量仪器是现代钢铁行业发展的比较成熟的模块,高压

(X 射线)以及长期的同位素辐射(γ)会带来副作用。为了解决以上问题,人们也开始尝试采用其他方法来检测厚度。

13.10　电阻法

采用生产线上 1 m 宽的钢带作为四节点电阻器是可行的。当电流从一端被导入钢带中,从 2 m 或 3 m 的另一端被导出时,通过测量沿着钢带长度方向的电势降(电流已知),可以计算得到钢带的电阻。

对于移动的钢带,可以将边缘电极通入钢带中。通过采用附属的可滑移电势测量电极,可以采集到准确的电势降。参考文献[2]介绍了这种技术。通过采用高阻抗源反馈技术,能够获得恒定的电流,因而接触电压降不会影响电流大小。基于传统的电阻计算公式,可以获得钢带的截面积,从而可以直接控制设定的磁感应强度 B。由于钢带的宽度已知,钢带的厚度可以得到准确的测量及控制。

13.11　磁测量法

最近的研究结果表明,当钢材达到重度的磁饱和时,磁通值只取决于金属的截面面积及合金元素含量。这样,当将磁化强度从正饱和切换到负饱和状态,记录切换过程中的磁通密度,可以来确定金属截面面积。

这个问题已经开展广泛的研究[3],研究结果表明,通过给钢材分配一个"经验饱和磁极化强度 J_{sat}",磁饱和技术可以用来测量精确的截面面积。采用这种方法只要求设定激励信号频率,如 50 Hz,对于信号的波形控制并没有什么要求。因而,测量设备只是基于简单的电气工程基础知识。这种磁测量技术能应用在以下场合:在开展功率损耗测试的爱泼斯坦方圈中开展这种测量。这样就能够避免传统测试方法中对试样的重量进行测量的必要。

在生产线中采用该技术,可以为在线损耗测量仪提供截面面积信息,便于实时设定精确磁感应强度值。在已知钢带宽度的情况下,可以通过测量钢板厚度,继而对厚度开展生产控制。同时,该方法测量速度快,可以在 1/10 s 内输出测量结果。

目前,仍然需要开展大量的工作以验证磁测量法的精度。所需的磁场强度,如 70 kA/m,需要基于预设的退磁系数进行设定。同时,还需要基于不同范围的材料类型确定经验饱和磁极化强度 J_{sat}。

基于重量或辐射测量试样厚度(截面面积)的方法之间的差别,需要通过开展大量精确实验进行区分。测试结果表明,在存在噪声的情况下,以上三种测试方法之间的差别很难被区分出来。

因而,基于磁的测量方法相对于其他方法,具有基本相同的测试精度。文献[3]对这种方法做了详细介绍。

13.12   剖面

基于磁测量方式获得的截面面积是电工钢截面的平均面积。如果截面是基于穿过钢带任意位置测量得到的辐射厚度进行计算的,则该计算需要基于以下假设:某一点的厚度与通过该点的截面上的任意厚度相等。轮廓仪通过重复沿着钢带的宽度方向进行扫描测量,可以很方便地找到钢带上的缺陷凸点。当钢板被磁化时,任何厚度方向上的变化都会导致磁通值产生相应的变化趋势。磁感应强度 B 值的增大或减小,都会导致该点的损耗值高于或低于平均值。

总的来说,厚度是在电工钢生产的每个阶段都需要进行跟踪测量和控制的关键参数。

参考文献

[1] BECKLEY, P.: 'Master standards for radiation thickness gauging', Sheet Metal Industries, September 1974, pp. 598–601.

[2] ARIKAT, M., BECKLEY, P. and MEYDAN, T.: 'A novel cross sectional area sensor for on-line power loss determination in electrical steels', *IIT conference on Magnetic materials*, Chicago, May 1997.

[3] BECKLEY, P., CAO, J. Z. and SHIRKHOOI, G. H.: 'Cross section, thickness and the approach to ferromagnetic saturation', *IIT conference on Magnetic materials*, Chicago, May 1998.

第14章 标准详析

>>>

　　众所周知,熟悉国内和国际标准非常重要。当我们讨论质量、性能和测试方法时,可以方便我们引用相关标准,从而避免大量不必要的重复论证。熟悉标准者可轻松辨别材料的特性是否符合标准规定,而不需要从头开始查起。由于标准需不时进行修订和更新,我们建议与标准机构保持联系,以确保所用标准生效。

　　尽管购买全套英国国家标准(涵盖电工钢各方面),需要花费不少金钱(1999年时18套文件需花费几百英镑),但是其后续的注释标明标准的适用范围。比如采用晶粒取向钢的企业则无须参考无取向钢的标准。我们需要熟练掌握各种测试方法和程序,所以收藏一套现行标准不失为一笔宝贵的财富。本章列出了适用的主要英国国家标准以及购买地址(英国国家标准协会的地址)。当然,我们有时候也会采用国外标准,而且越来越多的国外标准逐渐与英国国家标准看齐,国际电工委员会(IEC)和欧洲(欧洲规范)的标准也日趋完善。

　　美国采用的美国材料与试验协会(ASTM)标准在某些方面仍固守陈规,但在不久的将来实现世界标准化是大势所趋。

　　此前,针对电工钢发行了英国国家标准BS601(仍可以找到副本),但英国和国际标准逐步统一,取代英国较早的标准。不同标准不断完善并在不同时间周期进行审查,因此查阅标准的时候需要查询其修订版。几年前开始生效的标准可能无须修订,而最近开始生效的标准却可能需要修订。鉴于标准逐步采用双编号的表示方法,本章所列的英国国家标准(将代表全球的主要标准)已足以作为参考标准。

14.1 英国国家标准 BS 6404(1986)第1篇——磁性材料分类

　　该标准对各种磁性材料进行分类,包括电工钢。参考资料如下:

　　① "软"磁性材料的抗磁力小于1 000 A/m,而"硬"磁性材料则大于1 000 A/m。
② 软铁的碳含量通常低于0.03%,用于直流电设备。③ 低碳软钢。通常根据功率

损耗分类,频率为 50 Hz 或 60 Hz 时,最大磁通密度 B_{max}＝1.5 T。通常制成 0.47～1.0 mm 厚度的片材。该材料可用于小型电气设备的叠片铁芯。50 Hz 且 B_{max} 为 1.5 T 时,0.65 mm 厚度的功率损耗可达 12 W/kg。④ 硅钢。可制成固体硅棒,硅含量最多为 5%。该材料的电阻率与硅含量有关,5% 的硅含量大概是 65 $\mu\Omega$cm。可用于离合器、继电器等。平片状硅钢根据功率损耗分类,50 Hz 时,B_{max} 为 1.5 T。厚度通常是 0.35～0.65 mm。50 Hz 且 B_{max} 为 1.5 T 时,功率损耗为 2.0～10 W/kg。主要应用于旋转电机的铁芯。⑤ 晶粒取向钢。为各向异性钢,大量用于变压器磁芯。典型厚度为 0.27 mm、0.30 mm 和 0.35 mm,也可为 0.23 mm 和 0.5 mm。0.27 mm 的钢在 B_{max} 为 1.5 T 时的典型功率损耗为 0.8 W/kg。⑥ 高强度电磁钢片。该材料的极限拉伸强度 UTS 为 300～700 N/mm^2,试验应力为 150～525 N/mm^2。这种材料用于强度与足够磁导率相互作用的设备。

　　BSS6404 标准提供钢种、镍铁和钴铁钢等详细信息。

　　CEI/IEC 6404‑8‑6(1999)的 IEC 分类文件现在仍继续生效。

14.2　英国国家标准 BSEN.10126(1996)——半工艺状态的冷轧电工非合金钢片和钢带规范

　　此标准适用于无硅电气冲叠片钢。在 790℃下除碳退火 2 小时后,进行最终退火试验。大气视为在 25℃露点时,含 20% 氢和 80% 氮。

14.3　英国国家标准 BS EN 10165(1996)——半工艺状态的冷轧电工合金钢片和钢带规范

　　此标准适用于半工艺状态的冷轧电工钢带(含大量合金),需要进行热处理以充分发挥其磁性能。

　　该标准规定了材料厚度、边缘弯曲度和平直度的允许公差及主要的磁性能。该数据适用于单位水含 20% 氢的参考温度下(露点为 20℃)的退火后。

常规密度范围 kg/dm³	最终退火温度
7.65 } 7.70	840±10℃
7.75 } 7.80	790±10℃

　　该标准详细规定了供应和包装等条件。

14.4　英国国家标准 BS 6404(1986)第 8.4 节——全退火状态的冷轧无取向磁性钢片和钢带规范

［该标准已经被 BSEN 10106(1996)取代。］这是无须进一步热处理的充分退火无取向钢带的产品标准。该标准规定了磁性能和厚度、边缘弯曲度、平直度和残余曲率的允许公差以及叠片系数、延展性、内应力和涂层特性。

钢的磁时效可以在 255℃下加热 24 小时或在 100℃下加热 600 小时后重新测试评估。磁性能的各向异性可以通过平行和垂直轧制方向上的测量结果评估。

14.5　英国国家标准 BS EN 10107(1996)——全工艺状态的晶粒取向磁钢片和钢带的规范

这是具有极强方向性(各向异性)的晶粒取向电工钢的产品标准。该标准规定了材料的磁性能和机械特性,如边缘弯曲度、平直度、延展性、内应力、表面涂层电阻和毛刺高度。

14.6　英国国家标准 BS EN 10265(1996)——具有特定的机械性能和磁导率钢片和钢带的规范

该标准适用于具有特定机械性能和磁导率的磁材料,如需要支持较大的机械载荷。

该标准还详细规定了供应和机械公差形式。热轧材料厚度为 1.6～4.5 mm,冷轧材料为 0.5～2.0 mm。热轧钢的试验应力幅度(0.2%)为 250～700 N/mm²。抗磁力为 15 kA/m,磁通密度为 1.80～1.78 T 的情况下可得出以上值。在 15 kA/m 抗磁力和 1.8 T 的磁通密度下,冷轧钢的试验应力为 400 N/m²。

用爱泼斯坦方圈测量材料的磁性能。

14.7　英国国家标准 BS EN 60404 - 2(1998)——用爱泼斯坦方圈测量电工钢片和钢带磁性能的方法

该标准给出了爱泼斯坦法的详细测量步骤,并提供有用的绕组方式。初级和次级绕组通常是 700 转或 1 000 转。需保证频率稳定度为 0.2% 的电源,并保持波形因数为 1.111±1％的次级电压。

　　该标准同时给出了测量功率损耗、特定视在功率以及磁导率的详细步骤。若想组成并操作爱泼斯坦方圈，需要仔细研究该标准（或其同等的 ASTM 标准）或购买按照该标准生产、经英国国家测量认可服务机构（NAMAS）实验室验证的设备。

14.8　英国国家标准 BS 6404 Pt 3(1992)——用单片测试仪测量磁钢片和钢带磁性能的方法

　　该标准详细介绍单片测试仪的生产和操作。特别是根据绕组的性质和尺寸生产磁通闭合磁轭及其结构。

　　除了考虑路径长度之外，单片测试仪的操作和爱泼斯坦方圈非常相似。该标准给出校准单片测试仪时是否考虑爱泼斯坦测量值（见图 14.1）的导则。

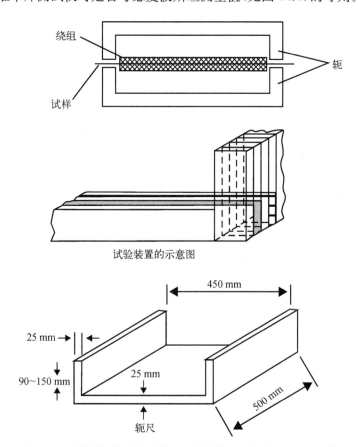

图 14.1　单片测试仪的布置［参考英国国家标准协会（BSI）标准］

14.9　英国国家标准 BS EN 60404 – 4(1997)——钢铁直流磁特性测量方法

该标准阐述用磁导计和其他工具测量钢铁直流特性的方法。

圆环法。该标准给出了环尺寸、组成和环绕方法的参考建议,同时考虑了过热问题。

磁导计法。将样品封闭在测量绕组和由大量低磁阻磁钢轭组成的磁通路径中。该标准还给出了测定钢性能和完成 BH 回路的确切导则。图 14.2 为一个磁导计。

该标准给出了磁导率测量范围以及用于商业活动的测量范围。

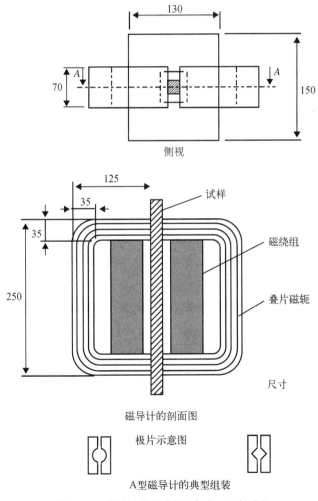

图 14.2　磁导计的示意图(参考 BSI 标准)

14.10　英国国家标准 BS 6404(1991)第 11 篇——磁钢片和磁钢带表面绝缘电阻的试验方法

该标准阐述电工钢片表面抗绝缘的试验方法,给出装置描述和用于测试结果的统计信息。另请参阅英国国家标准 BS 6404(1996)第 20 篇——绝缘涂层的电阻及耐热等级。

14.11　英国国家标准 BS 6404(1993)第 12 篇——层间隔热涂层保温性能的评定方法指南

该标准给出了层间隔热涂层保温性能的评定方法指南。这是各类绝缘材料的型式试验,不常用。

14.12　英国国家标准 BS 6404(1996)第 13 篇——电钢板和钢带的密度、电阻率和叠片系数的测量方法

该标准阐述电工钢密度和叠片系数的测量方法。对通过密度和合金含量之间的关系确定密度的测量方法进行特别说明。

请注意该标准中的参考文献[1]、[2]和[3]。分别是:

[1] SCHMIDT KH 和 HUNEUS H.:《低铝含量铁硅合金制成的电工钢密度测定方法》。技术部历史。MESSEN,48,1981 年,375—379 页。

[2] VAN DER PAUW L J.:《任意形光盘电阻率和霍尔效应的测量方法》,《飞利浦研究报告》13,1958 年,1—9 页。

[3] SIEVERT J.:《用带材和片材样品测定磁钢板密度的方法》J Magn Mater,133,1994 年,390—392 页。

14.13　英国国家标准 BS 6404 第 20 篇(1996)——绝缘涂层的电阻和耐热等级规范

该标准规定了表面抗绝缘评估的单电极测试,包括用于测试结果的相关统计数据。同时还给出了涂层的参考时间-温度性能。除了涂层的耐热等级,该标准还包含英国单电极测量方法的完整记录。它与英国的某些钢规格有关,因此极为有用。

14.14　英国国家标准 BS EN 10251(1997)——电工钢片和钢带几何特性的测定方法

该标准详细介绍了平直度、残余曲率、边缘弯曲度、内应力和毛刺高度的测定方法。

14.15　英国国家标准 BS 6404 第 8.8 节(1992)——中频用薄磁钢带规范

该标准为中频用薄磁钢带规范。厚度范围为 0.05～0.15 mm。频率为 400～1 000 Hz 时,峰磁感应强度通常为 1.0 T 或 1.5 T。

14.16　英国国家标准 BS EN 10252(1997)——磁钢片和钢带在中频下磁性能的测量方法

该标准给出了最大频率 10 kHz 下爱泼斯坦方圈的设计建议。该测量系统以评估功率损耗的瓦特计法为基础。电桥测量法曾是适用测量法之一,但目前已停止使用。如需了解电桥法,可参阅现已停用的 BS 601 标准,还可以参阅 B. Hague《交流电桥法》,皮特曼,1938 年及其后继版本。

14.17　英国国家标准 BS 6404(1994)第 8.10 节——继电器用磁材料(钢铁)规范

该标准阐述了继电器和类似设备适用钢材的规范,亦描述了用材的物理性质。材料的主要特性是区域矫顽力等级为 40～240 A/m。这适用于在 20% 的氢和 80% 的氮下,790℃退火后,所添加的水达到 35℃ 的露点。

14.18　英国国家标准 BS 6404(1986)第 7 篇——开磁路中磁性材料矫顽力的测量方法

该标准阐述了开磁路中钢矫顽力的测量方法。可快速方便地确定钢的矫顽力。样品形状多变且测量快捷。该测试方法主要用于中继钢,但是一般都有效。

14.19　通信地址

（1）英国国家标准协会

英国伦敦奇西克高路 389 号

（2）国际电工委员会

瑞士日内瓦 Varembé 大街 3 号

（3）美国材料试验学会（ASTM）

美国宾夕法尼亚州西康舍霍肯市港口大道 100 号，邮编：19428 - 2959

第 *15* 章 数据和曲线

>>>

本章包含经欧洲电工钢(现科根特动力有限公司,以下简称为 Cogent 动力公司)许可的精选材料性能图表和表格(机械设计师用)。

所给数据与供应商所知的全部数据一致,用于帮助读者评价和决策。供应商不承担因使用此数据造成的后果,且不保证数据的质量。

15.1 无取向完全退火钢

表 15.1   50 Hz 下全工艺电工钢的典型磁性能

等级 EN 10106	50 Hz 下的总损耗		损耗各向异性	50 Hz 下的磁极化强度			矫顽力 (DC) A/M	相对渗透率于 1.5 T
	$\hat{J}=1.5$ T W/kg	1.0 T W/kg%		$\hat{H}=$ 2 500 T	5 000 T	10 000 T A/M		
M235 - 35A	2.25	0.92	10	1.53	1.64	1.76	35	660
M250 - 35A	2.35	0.98	10	1.53	1.64	1.76	40	630
M270 - 35A	2.47	1.01	10	1.54	1.65	1.77	40	730
M300 - 35A	2.62	1.10	10	1.55	1.65	1.78	45	810
M330 - 35A	2.93	1.18	10	1.56	1.66	1.78	45	830
M250 - 50A	2.38	1.02	10	1.56	1.65	1.78	30	800
M270 - 50A	2.52	1.07	10	1.56	1.65	1.78	30	830
M290 - 50A	2.62	1.14	10	1.56	1.65	1.78	35	800
M310 - 50A	2.83	1.23	10	1.57	1.66	1.79	40	930
M330 - 50A	3.03	1.29	10	1.57	1.66	1.79	40	950
M350 - 50A	3.14	1.33	9	1.58	1.67	1.79	45	960
M400 - 50A	3.58	1.54	9	1.58	1.67	1.79	50	1 020
M470 - 50A	4.05	1.79	6	1.59	1.68	1.80	60	1 120

（续表）

等级 EN 10106	50 Hz 下的总损耗		损耗各向异性	50 Hz 下的磁极化强度			矫顽力 （DC） A/M	相对渗透率于 1.5 T
	$\hat{J}=1.5\text{ T}$ W/kg	1.0 T W/kg%		$\hat{H}=$ 2 500 T	5 000 T	10 000 T A/M		
M530 - 50A	4.42	1.96	6	1.59	1.68	1.80	70	1 150
M600 - 50A	5.30	2.39	6	1.63	1.72	1.83	85	1 620
M700 - 50A	6.00	2.72	5	1.64	1.72	1.84	100	1 680
M800 - 50A	7.10	3.22	5	1.65	1.73	1.85	100	1 680
M940 - 50A	8.10	3.68	5	1.65	1.73	1.85	100	1 660
M330 - 65A	3.15	1.35	8	1.57	1.66	1.78	40	910
M350 - 65A	3.23	1.41	8	1.57	1.67	1.78	40	930
M400 - 65A	3.63	1.57	7	1.58	1.67	1.79	45	1 050
M470 - 65A	4.06	1.79	6	1.59	1.68	1.80	50	1 130
M530 - 65A	4.35	1.90	4	1.59	1.68	1.80	60	1 150
M600 - 65A	4.95	2.19	3	1.61	1.70	1.81	70	1 300
M700 - 65A	6.20	2.76	3	1.63	1.72	1.83	85	1 570
M800 - 65A	6.90	3.09	3	1.64	1.73	1.84	100	1 590
M1000 - 65A	8.86	4.01	1	1.65	1.74	1.85	110	1 600
M700 - 100A	6.24	2.83	1	1.59	1.68	1.80	50	970
M800 - 100A	7.20	3.28	0	1.60	1.69	1.80	70	1 030

老化 电工钢应尽可能不受磁场老化的影响。

钢碳含量过高可引起磁场老化或功率损耗。分析设备持续监控碳含量，以避免磁场发生老化。用 225℃±5℃ 的高温持续加热磁性测试样品 24 小时，使其快速老化。试验前需冷却到室温（见 EN 10106）。

除了厚度为 1 mm 样品的数据外，其余典型数据适用于老化的样品。

表 15.2　60 Hz 下的单位损耗（$\hat{J}=1.5\text{ T}$）

EN 10106 等级	厚度	最大值*		典型值	
	mm	W/kg	W/lb	W/kg	W/lb
M235 - 35A	0.35	2.97	1.35	2.84	1.29
M250 - 35A	0.35	3.14	1.43	2.97	1.35
M270 - 35A	0.35	3.36	1.53	3.13	1.42

（续表）

EN 10106 等级	厚度	最大值*		典型值	
	mm	W/kg	W/lb	W/kg	W/lb
M300 - 35A	0.35	3.74	1.70	3.33	1.51
M330 - 35A	0.35	4.12	1.87	3.70	1.68
M250 - 50A	0.50	3.21	1.46	3.02	1.37
M270 - 50A	0.50	3.47	1.58	3.19	1.45
M290 - 50A	0.50	3.71	1.68	3.33	1.51
M310 - 50A	0.50	3.95	1.79	3.59	1.63
M330 - 50A	0.50	4.20	1.91	3.83	1.74
M350 - 50A	0.50	4.45	2.02	3.97	1.80
M400 - 50A	0.50	5.10	2.32	4.54	2.06
M470 - 50A	0.50	5.90	2.68	5.13	2.33
M530 - 50A	0.50	6.66	3.02	5.59	2.54
M600 - 50A	0.50	7.53	3.42	6.72	3.05
M700 - 50A	0.50	8.79	3.99	7.60	3.45
M800 - 50A	0.50	10.06	4.57	8.99	4.08
M940 - 50A	0.50	11.84	5.38	10.26	4.66
M330 - 65A	0.65	4.30	1.95	3.99	1.81
M350 - 65A	0.65	4.57	2.07	4.09	1.86
M400 - 65A	0.65	5.20	2.36	4.60	2.09
M470 - 65A	0.65	6.13	2.78	5.14	2.33
M530 - 65A	0.65	6.84	3.11	5.51	2.50
M600 - 65A	0.65	7.71	3.50	6.27	2.84
M700 - 65A	0.65	8.98	4.08	7.84	3.56
M800 - 65A	0.65	10.26	4.66	8.74	3.97
M1000 - 65A	0.65	12.77	5.80	11.21	5.09
M700 - 100A	1.00	9.38	4.26	7.91	3.59
M800 - 100A	1.00	10.70	4.86	9.11	4.14

* 最大损耗值为警示值。

表 15.3　典型物理机械性能

EN 10106 等级	常规密度	电阻率	屈服强度	抗拉强度	杨氏模量(E)		HV5 - 硬度
	kg/dm³	μΩcm	N/mm²	N/mm²	RD N/mm²	TD N/mm²	(VPN)
M235 - 35A	7.60	59	430	550	185 000	200 000	210
M250 - 35A	7.60	55	430	550	185 000	200 000	210
M270 - 35A	7.65	52	390	510	185 000	200 000	190
M300 - 35A	7.65	50	380	500	185 000	200 000	180
M330 - 35A	7.65	44	330	470	200 000	220 000	160
M250 - 50A	7.60	59	440	560	175 000	190 000	220
M270 - 50A	7.60	55	440	560	175 000	190 000	220
M290 - 50A	7.60	55	440	560	185 000	200 000	220
M310 - 50A	7.65	52	390	510	185 000	200 000	190
M330 - 50A	7.65	50	380	500	185 000	200 000	180
M350 - 50A	7.65	44	330	470	200 000	210 000	160
M400 - 50A	7.70	42	320	460	200 000	210 000	150
M470 - 50A	7.70	39	315	450	200 000	210 000	150
M530 - 50A	7.70	36	310	440	200 000	210 000	140
M600 - 50A	7.75	30	300	410	210 000	220 000	125
M700 - 50A	7.80	25	300	410	210 000	220 000	125
M800 - 50A	7.80	23	300	410	210 000	220 000	125
M940 - 50A	7.85	18	300	410	210 000	220 000	125
M330 - 65A	7.60	55	440	560	185 000	205 000	220
M350 - 65A	7.60	52	380	500	185 000	205 000	180
M400 - 65A	7.65	44	330	470	185 000	205 000	160
M470 - 65A	7.65	42	320	460	185 000	205 000	150
M530 - 65A	7.70	39	315	450	190 000	210 000	150
M600 - 65A	7.75	36	310	440	190 000	210 000	140
M700 - 65A	7.75	30	300	410	210 000	220 000	125
M800 - 65A	7.80	25	300	410	210 000	220 000	125
M1000 - 65A	7.80	18	300	410	210 000	220 000	125
M700 - 100A	7.65	44	325	450	185 000	200 000	150
M800 - 100A	7.70	39	315	440	185 000	200 000	140

　　RD 为轧制方向。
　　TD 为横向方向。已给出轧制方向上的屈服强度(0.2%的保证强度)和抗拉强度。横向方向的值高出5%左右。

表 15.4　SURALAC ® 涂层
（本表列举的涂层适用于 Cogent 动力公司产品，其他产品的涂层不适用）

指定类型	SURALAC 1000 有机	SURALAC 3000 有机与填料	SURALAC 5000 半有机	SURALAC 7000 无机
类型	有机酚醛树脂	有机合成树脂与无机填料	有机树脂磷酸盐和硫酸盐	无机磷酸盐与无机填料的有机树脂涂层
旧有机指定类型	C-3	C-6	S-3	C-4/C-5
美国钢铁协（AISI）类型（ASTM A 677）	C-3	C-6[1]		C-4/C-5[2]
单边厚度范围	0.5~7 μm	3~7 μm	0.5~2 μm	0.5~5 μm
标准厚度	2.5 μm	6 μm	1.2 μm	2 μm
涂面数量	1 或 2	1 或 2	2	2
颜色	黄色至棕色	灰色	棕色至灰色	灰色
空气承温能力（持续）	180℃	180℃	200℃	230℃
惰性气体中的承温能力（间歇）	450℃	500℃	500℃	850℃
耐压				
消除应力退火[3]	—	—	—	是
熄火修复		是		是
铝铸件	是	是	是	是
耐化学性				
冲压润滑剂[4]	是	是	是	是
绝缘油	是	是	是	是
氟利昂	是	是	是	是
典型涂膜硬度	8~9H	8~9H	8~9H	9H

SURALAL®	1007	1025	1060	3040	3060	5007	5012	7007	7020	7040[5]
单边厚度/μm	0.7	2.5	6	4	6	0.7	1.2	0.7	2	4
焊接	良好	特殊	特殊	特殊	特殊	优	优	优	良好	中等
冲裁	优	优	良好	良好	中等	良好	优	良好	良好	中等
表面绝缘电阻（Franklin ASTM A717）										
单片值/Ωcm²	5	50	>200	100	>200	5	20	5	50	100
单边值/A	0.55	0.11	<0.03	0.06	<0.03	0.55	0.25	0.55	0.11	0.06

备注：所有数据只是典型数据，不保证准确性。

[1] C-6 不是 AISI 官方指定类型。

[2] Suralac © 7000 归类为 C-5 涂层，但可用作 C-4 涂层。

[3] 在惰性气体中或在轻微氧化环境下（最佳）进行消除应力退火。

[4] 测试包括当前客户所用的润滑油。需特殊考虑新型润滑油。

[5] 最后两组指定类型的一般涂膜厚度为 0.1 μm。

尺寸、范围和公差——特定供应商提供的范围数据,有替代数据。

尺寸

Cogent 动力公司提供窄带卷或板料形式的电工钢,其厚度和宽度如下:

表 15.5

厚度/mm	窄带卷或切片的最大宽度/mm	板料最大长度/mm
0.35	1 170	3 500
0.50	1 250	3 500
0.65	1 250	3 500
1.00	1 250	3 500

最小板料长度为 400 mm。

表 15.6   线圈宽度的标准公差*

大于/mm	小于等于/mm	幅宽公差/mm
10	150	0/+0.2
150	300	0/+0.3
300	600	0/+0.5
600	1 000	0/+1.0
1 000	1 250	0/+1.5

* 参考 EN10106,同时满足 IEC404 - 8 - 4 的要求。

表 15.7   线圈宽度的专用公差

大于/mm	小于等于/mm	幅宽公差/mm
10	300	±0.08
300	600	±0.20
600	1 250	±0.30

表 15.8   切割长度公差*

大于/mm	小于等于/mm	幅宽公差/mm
400	3 500	0/+0.5%(最大公差为 6 mm)

* 参考 EN10106,同时满足 IEC404 - 8 - 4 的要求。

线圈内直径

线圈内直径一般为 508 mm(20 英寸)。

最大线圈宽度

最大线圈宽度为 1 250 mm。

表 15.9　厚度公差[1]

标称厚度/mm	标称厚度最大偏差/(%)	与轧制方向平行[2]的厚度最大差值/(%)	与轧制方向垂直[3]的厚度最大差值/μm
0.35	±8	8	20
0.50	±8	8	20
0.65	±6	6	30
1.00	±6	6	30

[1] 符合 EN10106 和 IEC404 - 8 - 4 标准。
[2] 在薄片或 2 m 长的带材内。
[3] 在距离边缘至少 30 mm 处进行测量。

最大卷重和外直径

每毫米线圈宽度的最大卷重为 20 吨或 20.0 kg。最大线圈外直径为 1 850 mm。

几何特性

Cogent 动力公司生产的电工钢符合 EN 10106 和 IEC 404 - 8 - 4 标准所规定的几何特征和公差要求(包括边缘弯曲度和平直度)。

单位换算公式

1 特斯拉(T)=1 韦伯/平方米(Wb/m^2)=10 000 高斯(Gs)=64.5 千磁力线/平方英寸(kilolines/sq.in)

1 安/米(A/m)=0.01 安/厘米(A/cm)=0.025 4 安/英寸(A/in)=0.012 57 奥斯特(Oe)

1 W/kg=0.453 6 W/lb(频率相等)

1 VA/kg=0.453 6 VA/lb(频率相等)

1 N/mm^2(MPa)=145.0 psi(lbs/sq.in.)

表 15.10 Cogent 动力公司的分级规范和国际标准的比较

铁损 1.5 T 50 Hz W/kg	EES 等级 EN10106 (1995)	原先 SURA 等级 (1987)	IEC 404-8-4 (1986)	DIN 46400 Teil 1 (1983)	JIS C2552 (1986)	GOST 21427.2 (1983)	ASTM A677 (1996)	铁损 1.5 T 60 Hz W/lb	ASTM A677M (1996)	铁损 1.5 T 50 Hz W/kg	旧 AISI 等级
2.35	M235-35A	(CK-27)			(35A230)						
2.50	M250-35A	CK-30	250-35A5	V250-35A	35A250	2413	36F145	1.45	36F320M	2.53	M-15
2.70	M270-35A	CK-33	270-35A5	V270-35A	35A270	2412	(36F158)	1.58	(36F348M)	2.76	(M-19)
3.00	M300-35A	CK-37	300-35A5	V300-35A	35A300	2411	(36F168)	1.68	(36F370M)	2.93	(M-22)
3.30	M330-35A	CK-40	330-35A5	V330-35A		2414	36F190	1.90	36F419M	3.32	M-36
2.50	M250-50A										
2.70	M270-50A	CK-26	270-50A5	V270-50A	50A270	2413	(47F168)	1.68	(47F370M)	2.93	(M-15)
2.90	M290-50A	CK-27	290-50A5	V290-50A	50A290	2412	(47F174)	1.74	(47F384M)	3.04	(M-19)
3.10	M310-50A	CK-30	310-50A5	V310-50A	50A310	(2411)	47F190	1.90	47F419M	3.31	M-27
3.30	M330-50A	CK-33	330-50A5	V330-50A	50A350	2216	(47F205)	2.05	(47F452M)	3.57	(M-36)
3.50	M350-50A	CK-37	350-50A5	V350-50A	50A400	(2214)	47F230	2.30	47F507M	4.01	M-43
4.00	M400-50A	CK-40	400-50A5	V400-50A	50A470	(2211)	(47F280)	2.80	(47F617M)	4.89	(M-45)
4.70	M470-50A	CK-44	470-50A5	V470-50A		2112	47F305	3.05	47F672M	5.32	M-47
5.30	M530-50A	DK-59	530-50A5	V530-50A							
6.00	M600-50A	DK-66	600-50A5	V600-50A	50A600						

（续表）

铁损 1.5 T 50 Hz W/kg	EES 等级 EN10106 (1995)	原先 SURA 等级 (1987)	IEC 404-8-4(1986)	DIN 46400 Teil 1 (1983)	JIS C2552 (1986)	GOST 21427.2 (1983)	ASTM A677 (1996)	铁损 1.5 T 60 Hz W/lb	ASTM A677M (1996)	铁损 1.5 T 50 Hz W/kg	旧 AISI 等级
7.00	M700-50A	DK-70	700-50A5	V700-50A	50A700	2111	47F400	4.00	47F882M	6.98	
8.00	M800-50A		800-50A5	V800-50A	50A800	2011	(47F450)	4.50	(47F992M)	7.86	
9.40	M940-50A				(50A1000)						
3.30	M330-65A			V330-65A							
3.50	M350-65A		350-65A5	V350-65A			(64F208)	2.08	(64F159M)	3.65	(M-19)
4.00	M400-65A	CK-37	400-65A5	V400-65A			(64F225)	2.25	(64F496M)	3.92	(M-27)
4.70	M470-65A	CK-40	470-65A5	V470-55A			64F270	2.70	64F595M	4.70	M-43
5.30	M530-65A	CK-44	530-65A5	V530-65A			(64F320)	3.20	(64F705M)	5.59	(M-45)
6.00	M600-65A	DK-59	600-65A5	V600-65A							
7.00	M700-65A	DK-66	700-65A5	V700-65A			64F400	4.00	64F882M	6.98	
8.00	M800-65A	DK-70	800-65A5	V800-55A							
10.00	M1000-65A		1000-65A5	(V940-65A)			(64F550)	5.50	(64F1212M)	9.60	
7.00	M700-100A	CK-37									
8.00	M800-100A										

备注：括号内的指定类型，如（35A230），为近似等价。

表 15.11　50 Hz 下的典型单位质量损耗(W/kg)

EN 10106 等级	厚度/mm	50 Hz 及以下磁极化强度 J(T)下的单位质量损耗(W/kg)								
		0.90	1.00	1.10	1.20	1.30	1.40	1.50	1.60	1.70
M235 – 35A	0.35	0.77	0.92	1.10	1.31	1.57	1.91	2.25	2.54	2.75
M250 – 35A	0.35	0.81	0.98	1.16	1.37	1.66	2.00	2.35	2.66	2.87
M270 – 35A	0.35	0.84	1.01	1.20	1.42	1.70	2.08	2.47	2.80	3.05
M300 – 35A	0.35	0.92	1.10	1.30	1.54	1.82	2.21	2.62	2.98	3.25
M330 – 35A	0.35	0.99	1.18	1.40	1.66	1.99	2.42	2.93	3.46	3.86
M250 – 50A	0.50	0.85	1.02	1.20	1.41	1.67	2.02	2.38	2.72	2.99
M270 – 50A	0.50	0.90	1.07	1.27	1.50	1.77	2.13	2.52	2.87	3.14
M290 – 50A	0.50	0.96	1.14	1.35	1.59	1.88	2.24	2.62	2.94	3.18
M310 – 50A	0.50	1.03	1.23	1.46	1.71	2.00	2.40	2.83	3.24	3.58
M330 – 50A	0.50	1.08	1.29	1.53	1.80	2.12	2.54	3.03	3.45	3.78
M350 – 50A	0.50	1.11	1.33	1.57	1.85	2.18	2.63	3.14	3.65	4.05
M400 – 50A	0.50	1.28	1.54	1.82	2.14	2.52	3.01	3.58	4.16	4.64
M470 – 50A	0.50	1.49	1.79	2.12	2.49	2.94	3.46	4.05	4.67	5.19
M530 – 50A	0.50	1.64	1.96	2.33	2.74	3.23	3.79	4.42	5.06	5.59
M600 – 50A	0.50	2.00	2.39	2.82	3.31	3.86	4.53	5.30	6.11	6.80
M700 – 50A	0.50	2.29	2.72	3.21	3.76	4.39	5.14	6.00	6.90	7.66
M800 – 50A	0.50	2.71	3.22	3.79	4.45	5.19	6.08	7.10	8.16	9.07
M940 – 50A	0.50	3.09	3.68	4.33	5.07	5.92	6.94	8.10	9.31	10.34
M330 – 65A	0.65	1.12	1.35	1.60	1.89	2.23	2.67	3.15	3.61	4.00
M350 – 65A	0.65	1.17	1.41	1.67	1.97	2.31	2.75	3.23	3.69	4.07
M400 – 65A	0.65	1.30	1.57	1.87	2.20	2.58	3.07	3.63	4.21	4.70
M470 – 65A	0.65	1.48	1.79	2.12	2.49	2.92	3.45	4.06	4.69	5.22
M530 – 65A	0.65	1.57	1.90	2.26	2.67	3.14	3.71	4.35	5.00	5.56
M600 – 65A	0.65	1.82	2.19	2.61	3.08	3.62	4.25	4.95	5.68	6.30
M700 – 65A	0.65	2.30	2.76	3.28	3.87	4.55	5.33	6.20	7.14	8.00
M800 – 65A	0.65	2.58	3.09	3.67	4.32	5.08	5.94	6.90	7.93	8.87
M1000 – 65A	0.65	3.31	4.01	4.76	5.59	6.56	7.65	8.86	10.16	11.22
M700 – 100A	1.00	2.38	2.83	3.33	3.91	4.56	5.34	6.24	7.17	7.96
M800 – 100A	1.00	2.68	3.28	3.94	4.66	5.43	6.26	7.20	8.20	9.17

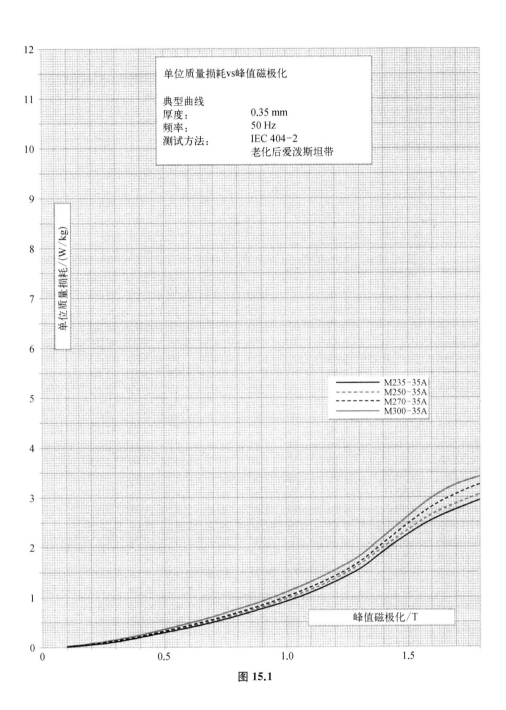

图 15.1

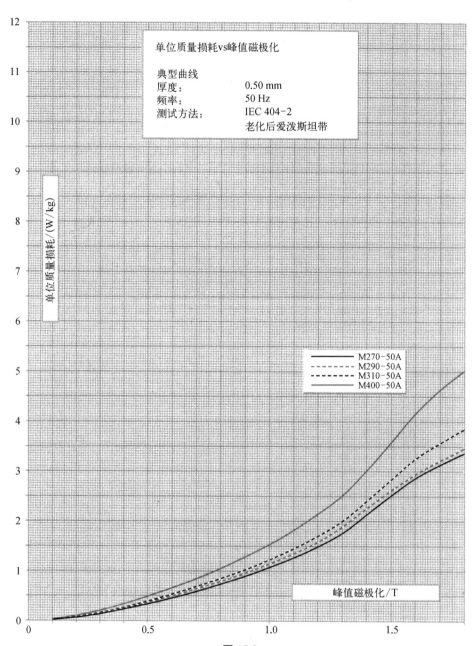

图 15.2

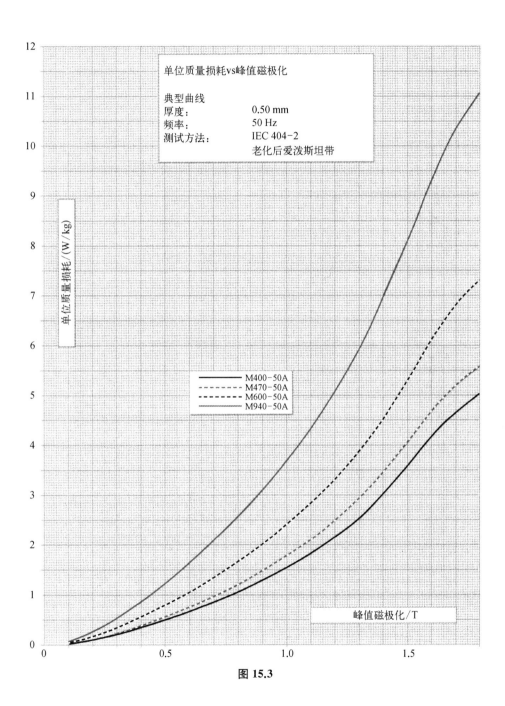

图 15.3

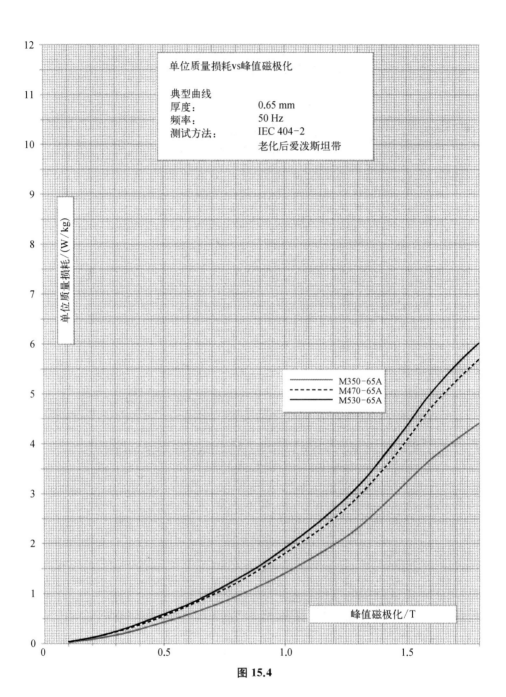

单位质量损耗vs峰值磁极化

典型曲线
厚度: 0.65 mm
频率: 50 Hz
测试方法: IEC 404-2
老化后爱泼斯坦带

单位质量损耗/(W/kg)

峰值磁极化/T

M350-65A
M470-65A
M530-65A

图 15.4

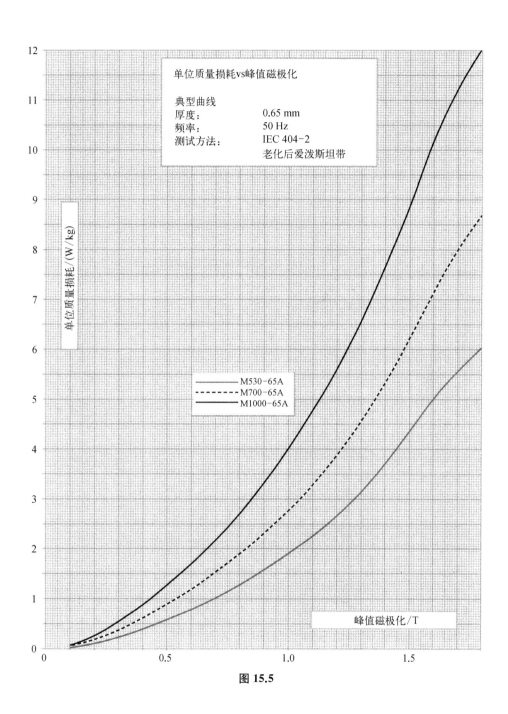

图 15.5

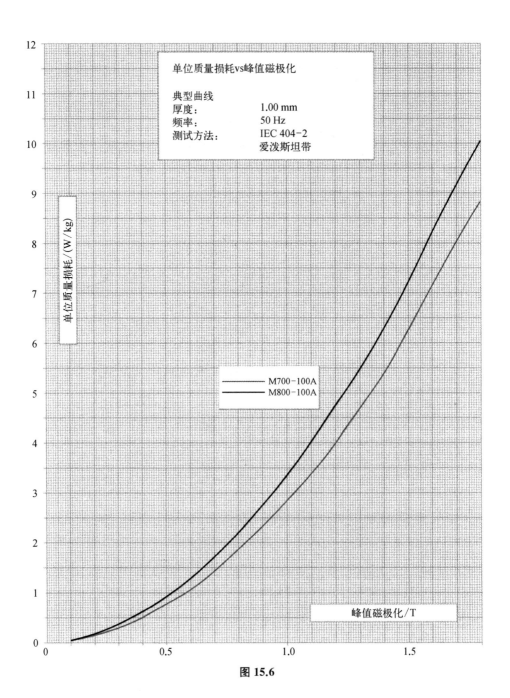

图 15.6

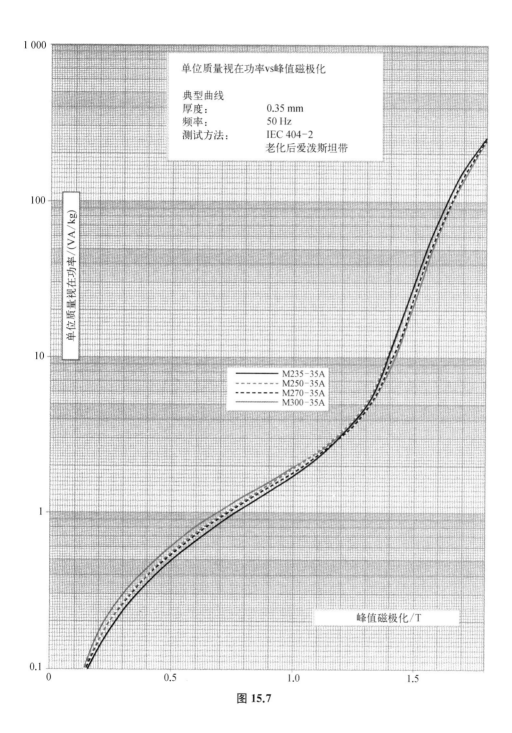

图 15.7

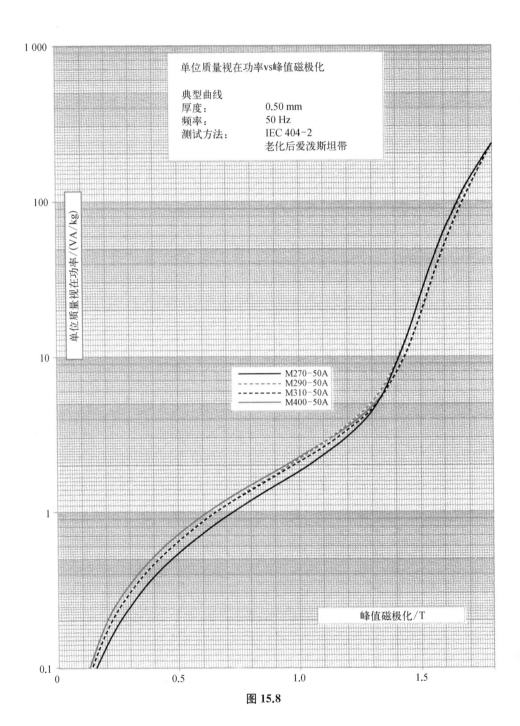

图 15.8

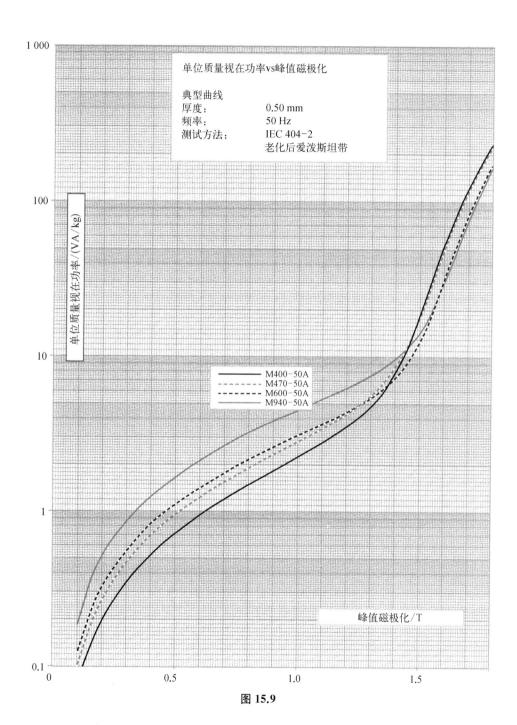

图 15.9

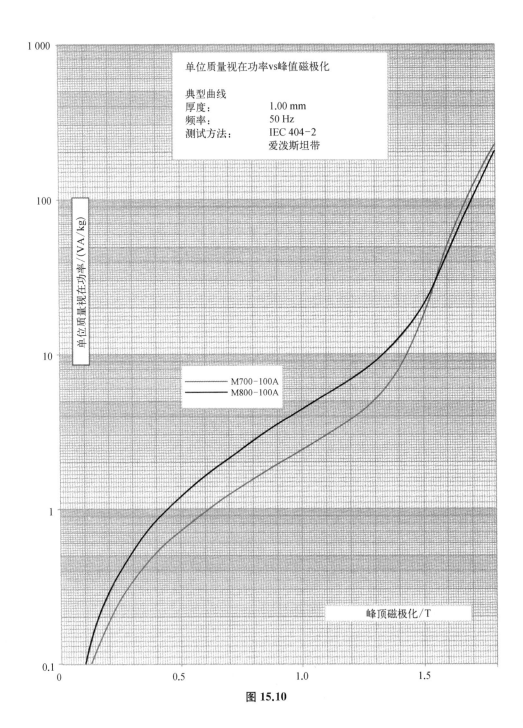

图 15.10

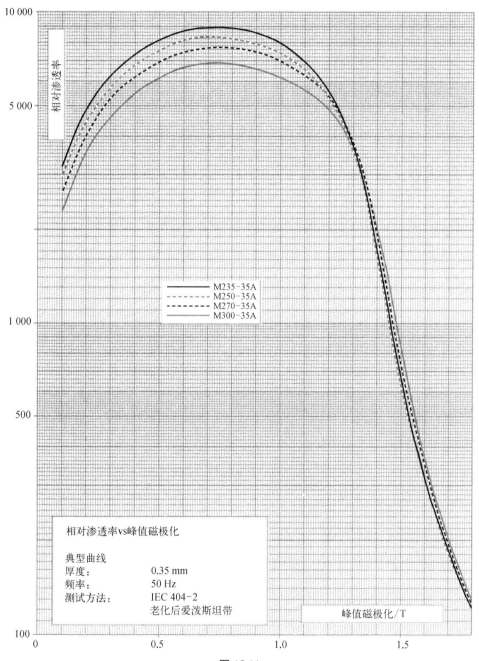

图 15.11

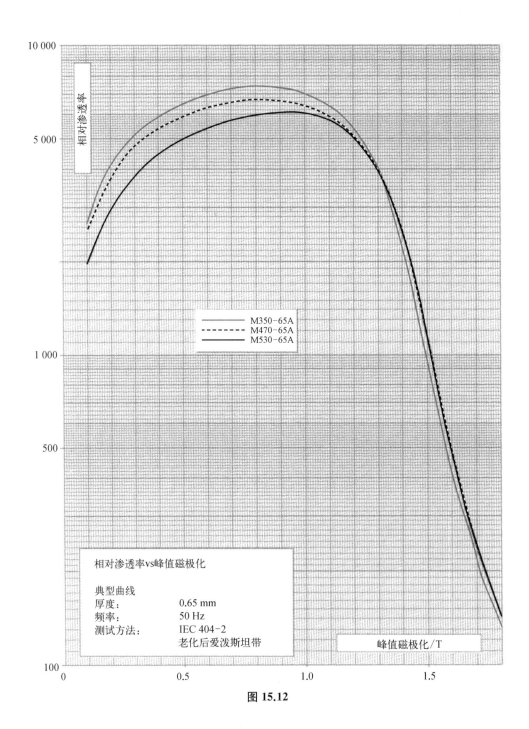

图 15.12

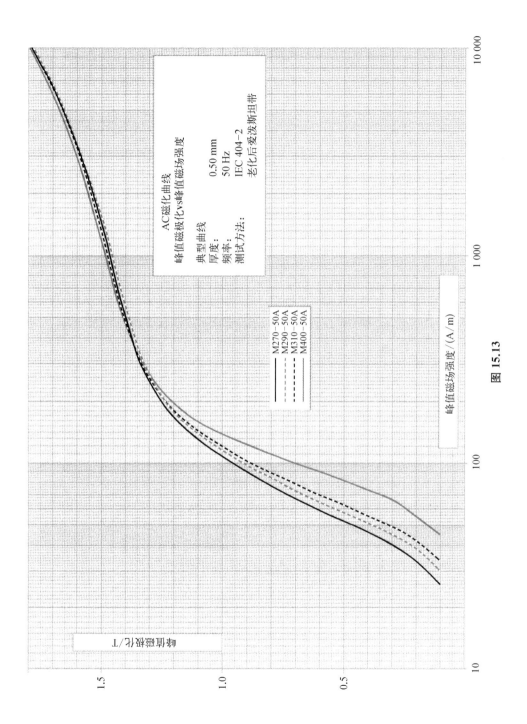

图 15.13

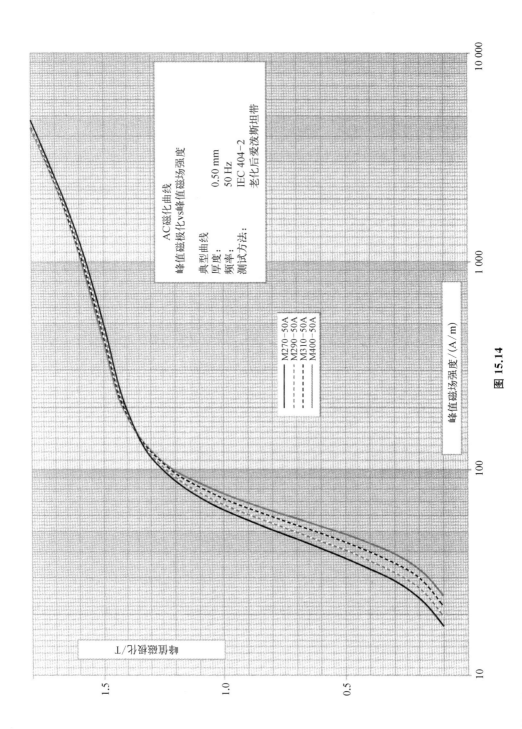

图 15.14

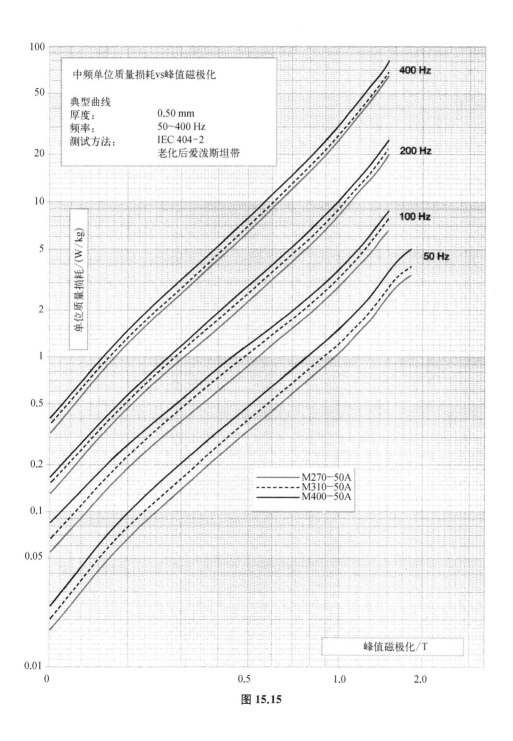

图 15.15

15.2   无取向非全退火钢

半工艺钢的单位质量损耗

爱泼斯坦测试

从每卷电工钢线圈的首尾各抽取样片用于磁测试。从样片上截取大量长为305 mm、宽为30 mm的爱泼斯坦钢片以对该线圈磁性能进行测试。其中一半的待测试钢片沿轧制方向取制,另一半沿垂直轧制方向取制。在脱碳环境下,根据相关标准的规定,即BS EN 10126的非合金材料规范和BS EN 10165熔合材料规范,对爱泼斯坦钢片进行热处理。这可确保样片处于IEC404 - 2和BS 6404第2篇规定的25 cm爱泼斯坦方圈测量磁性能的参考条件。以下数据是测试试样在参考条件下典型的数据。

表 15.12   Losil 合金电工钢

等　　级		厚度	常规密度	磁极化强度 $\hat{J}=1.5$ T,50 Hz 下的单位质量损耗		$\hat{J}$ 在 $\hat{H}=$ 5 000 A/m,50 Hz 下的取值		相对磁导率峰值
IEC 404 8.2	BS EN 10165	mm	kg/dm³	保证最大值/ (W/kg)	典型值/ (W/kg)	保证最小值/T	典型值/T	1.5 T 下的最小值
340 - 50 - E5	M340 - 50E	0.50	7.65	3.40	3.10	1.62	1.64	1 000
390 - 50 - E5	M390 - 50E	0.50	7.70	3.90	3.20	1.64	1.66	1 200
450 - 50 - E5	M450 - 50E	0.50	7.75	4.50	3.70	1.65	1.69	1 700
560 - 50 - E5	M560 - 50E	0.50	7.80	5.60	4.15	1.66	1.70	2 000
390 - 65 - E5	M390 - 65E	0.65	7.65	3.90	3.60	1.62	1.64	900
450 - 65 - E5	M450 - 65E	0.65	7.70	4.50	3.90	1.64	1.66	1 200
520 - 65 - E5	M520 - 65E	0.65	7.75	5.20	4.05	1.65	1.69	1 650
630 - 65 - E5	M630 - 65E	0.65	7.80	6.30	5.10	1.66	1.70	2 300

表 15.13　Newcor 非合金电工钢

等　　级		厚度	常规密度	磁极化强度 $\hat{J}=1.5\,T$,50 Hz 下的单位质量损耗		$\hat{J}$ 在 $\hat{H}=$ 5 000 A/m,50 Hz 下的取值		峰相对磁导率
IEC 404 8.3	BS EN 10126	mm	kg/dm³	保证最大值/(W/kg)	典型值/(W/kg)	保证最小值/T	典型值/T	1.5 T 下的最小值
660 - 50 - D5	M660 - 50D	0.50	7.85	6.60	4.55	1.70	1.74	3 000
890 - 50 - D5	M890 - 50D	0.50	7.85	8.90	5.50	1.68	1.75	3 000
800 - 65 - D5	M800 - 65D	0.65	7.85	8.00	6.00	1.70	1.74	3 000
1000 - 65 - D5	M1000 - 65D	0.65	7.85	10.00	7.10	1.68	1.76	3 000

表 15.14　Polycor 非合金电工钢

等　　级		厚度	常规密度	磁极化强度 $\hat{J}=1.5\,T$,50 Hz 下的单位质量损耗		$\hat{J}$ 在 $\hat{H}=$ 5 000 A/m,50 Hz 下的取值		峰相对磁导率
IEC 404 8.3 标准	BS EN10126 标准	mm	kg/dm³	保证最大值/(W/kg)	典型值/(W/kg)	保证最小值/T	典型值/T	1.5 T 下的最小值
420 - 50 - D5*	M420 - 50D	0.50	7.85	4.20	3.90	1.70	1.74	3 000
570 - 65 - D5*	M570 - 65D	0.65	7.85	5.70	4.90	1.70	1.74	3 000

* 备注：Polycor 的指定等级并非 IEC、BS 和 EN 的参考标准等级。

表 15.15　典型物理机械性能

等　　级	常规密度	电阻率	0.2% 试验应力	极限抗拉强度	伸长度（80 mm 测量长度）	硬度	叠片系数	弯曲试验
	kg/dm³	$\mu\Omega cm$	N/mm²	N/mm²	%	VPN	%	
				Losil				
M340 - 50E	7.65	42	480	560	11	210	97	>10
M390 - 50E	7.70	37	450	530	15	200	97	>10
M450 - 50E	7.75	30	430	510	16	190	97	>10

（续表）

等　级	常规密度	电阻率	0.2%试验应力	极限抗拉强度	伸长度（80 mm测量长度）	硬度	叠片系数	弯曲试验
	kg/dm³	μΩcm	N/mm²	N/mm²	%	VPN	%	
M560 - 50E	7.80	22	420	500	16	180	97	＞10
M390 - 65E	7.65	42	480	560	11	210	97	＞10
M450 - 65E	7.70	37	450	530	15	200	97	＞10
M520 - 65E	7.75	30	430	510	16	190	97	＞10
M630 - 65E	7.80	22	400	480	20	170	97	＞10
Newcor								
M660 - 50D	7.85	17	450	530	14	180	97	＞10
M890 - 50D	7.85	14	440	520	15	170	97	＞10
M800 - 65D	7.85	17	450	530	14	180	97	＞10
M1000 - 6D	7.85	14	350	450	20	160	97	＞10
Polycor								
M420 - 50D	7.85	22	390	420	16	140	97	＞10
M570 - 65D	7.85	22	390	420	16	140	97	＞10

峰值

峰值为 0.50～1.00 mm 厚度的半工艺电工钢的非保证等级。峰值具有两个等级：峰值 125 和峰值 140,其典型硬度分别为 125 和 140(VPN)。

备注：维氏硬度试验按照 BS 427 第 1 篇 1961(1981)进行,根据厚度和硬度范围选择 10 kgf 或 5 kgf 承重力的材料。

上述物理机械数据适用于交货状态的材料,即半工艺状态。

表面状况

所提供的产品一般为无涂层产品。表面状况,特别是材料的表面粗糙度,可经过协商确定。或者,可交付两个表面都有绝缘涂层的 Polycor 钢材。涂层基本上是无机树脂材料且能经受退火处理。退火时,表面绝缘电阻降低。该涂层具有良好的焊接性能,可低气压焊接。

50 Hz 下的单位质量损耗（W/kg）

表 15.16　Losil 合金电工钢

等　级		50 Hz 下的单位质量损耗（W/kg）$\hat{J}$（T）=								
IEC 404 404 8.2	BS EN 10165	0.3	0.5	0.7	0.9	1.1	1.3	1.5	1.7	1.8
340 – 50 – E5	M340 – 50E	0.150	0.354	0.650	1.020	1.47	2.08	3.08	4.23	4.67
390 – 50 – E5	M390 – 50E	0.161	0.386	0.693	1.077	1.54	2.17	3.20	4.32	4.80
450 – 50 – E5	M450 – 50E	0.192	0.455	0.814	1.260	1.83	2.59	3.70	5.07	5.69
560 – 50 – E5	M560 – 50E	0.213	0.512	0.910	1.430	2.10	2.94	4.14	5.60	6.20
390 – 65 – E5	M390 – 65E	0.197	0.440	0.770	1.175	1.69	2.46	3.57	4.75	5.30
450 – 65 – E5	M450 – 65E	0.233	0.494	0.865	1.320	1.91	2.70	3.93	5.34	5.86
520 – 65 – E5	M520 – 65E	0.220	0.500	0.915	1.460	2.12	2.98	4.04	5.23	5.75
630 – 65 – E5	M630 – 65E	0.270	0.610	1.090	1.70	2.50	3.55	5.10	6.75	7.40

表 15.17　Newcor 非合金电工钢

等　级		50 Hz 下的单位质量损耗（W/kg）$\hat{J}$（T）=								
IEC 404 404 8.3	BS EN 10126	0.3	0.5	0.7	0.9	1.1	1.3	1.5	1.7	1.8
660 – 50 – D5	M660 – 50D	0.268	0.610	1.075	1.662	2.380	3.29	4.57	6.20	6.75
890 – 50 – D5	M890 – 50D	0.320	0.732	1.283	1.980	2.881	4.02	5.60	7.44	8.08
800 – 65 – D5	M800 – 65D	0.300	0.714	1.300	2.054	3.020	4.30	6.06	8.08	8.85
1000 – 65 – D5	M1000 – 65D	0.357	0.847	1.530	2.474	3.670	5.17	7.10	9.34	10.35

表 15.18　Polycor 非合金电工钢

等　级		50 Hz 下的单位质量损耗（W/kg）$\hat{J}$（T）=								
IEC 404 404 8.3	BS EN 10126	0.3	0.5	0.7	0.9	1.1	1.3	1.5	1.7	1.9
420 – 50 – D5	M420 – 50D	0.218	0.506	0.898	1.350	2.02	2.77	3.85	5.28	5.75
570 – 65 – D5	M570 – 65D	0.237	0.585	1.081	1.730	2.59	3.62	4.95	6.65	7.30

60 Hz 下的单位质量损耗(W/kg)

表 15.19　Losil 合金电工钢

等　　级		厚　度	60 Hz 下的单位质量损耗(W/kg)	
IEC 404 8.2	BS EN 10126	mm	保证最大值	典型值
340 - 50 - E5	M340 - 50E	0.50	4.32	3.95
390 - 50 - E5	M390 - 50E	0.50	4.97	4.10
450 - 50 - E5	M450 - 50E	0.50	5.67	4.70
560 - 50 - E5	M560 - 50E	0.50	7.03	5.30
390 - 65 - E5	M390 - 65E	0.65	5.07	4.60
450 - 65 - E5	M450 - 65E	0.65	5.86	5.00
520 - 65 - E5	M520 - 65E	0.65	6.72	5.25
630 - 65 - E5	M630 - 65E	0.65	8.00	6.50

表 15.20　Newcor 非合金电工钢

等　　级		厚　度	60 Hz 下的单位质量损耗(W/kg)	
IEC 404 8.3	BS EN 10126	mm	保证最大值	典型值
660 - 50 - D5	M660 - 50D	0.50	8.38	5.80
890 - 50 - D5	M890 - 50D	0.50	11.30	7.00
800 - 65 - D5	M800 - 65D	0.65	10.16	7.65
1000 - 65 - D5	M1000 - 65	0.65	12.70	9.05

表 15.21　Polycor 非合金电工钢

等　　级		厚　度	60Hz 下的单位质量损耗(W/kg)	
IEC 404 8.3	BS EN 10126	mm	保证最大值	典型值
420 - 50 - D5*	M420 - 50D	0.50	5.33	4.95
570 - 65 - D5*	M570 - 65D	0.65	7.24	6.25

＊备注：Polycor 的指定等级并非 IEC、BS 和 EN 的参考标准等级。

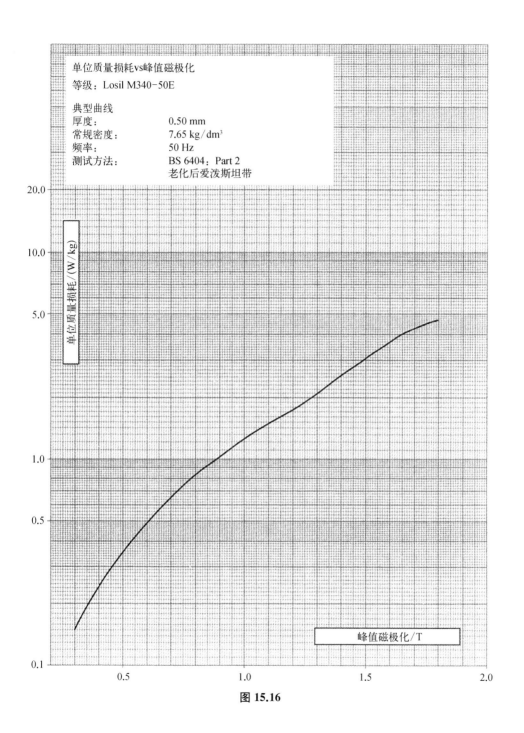

图 15.16

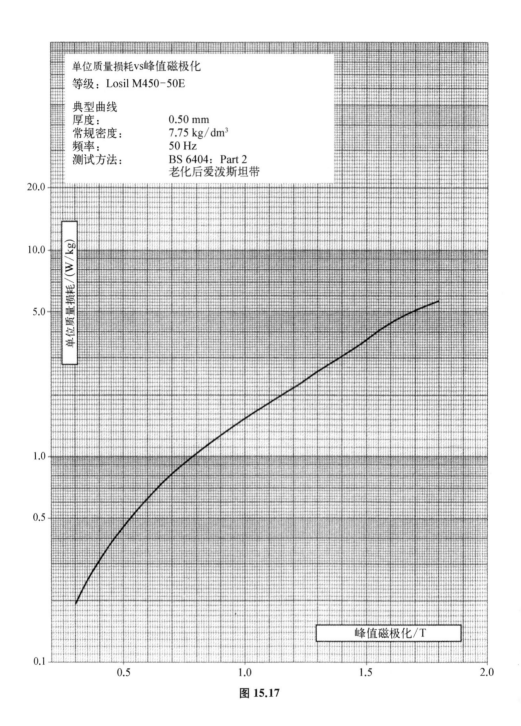

单位质量损耗vs峰值磁极化

等级：Losil M450-50E

典型曲线
厚度： 0.50 mm
常规密度： 7.75 kg/dm³
频率： 50 Hz
测试方法： BS 6404：Part 2
老化后爱泼斯坦带

单位质量损耗/(W/kg)

峰值磁极化/T

图 15.17

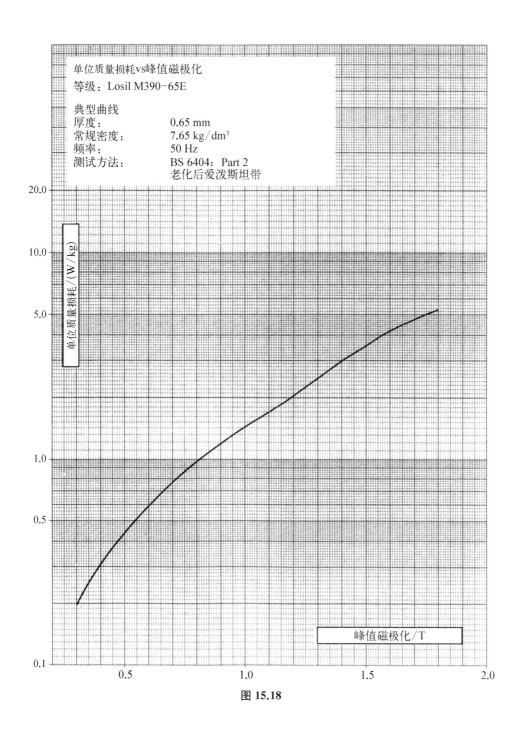

图 15.18

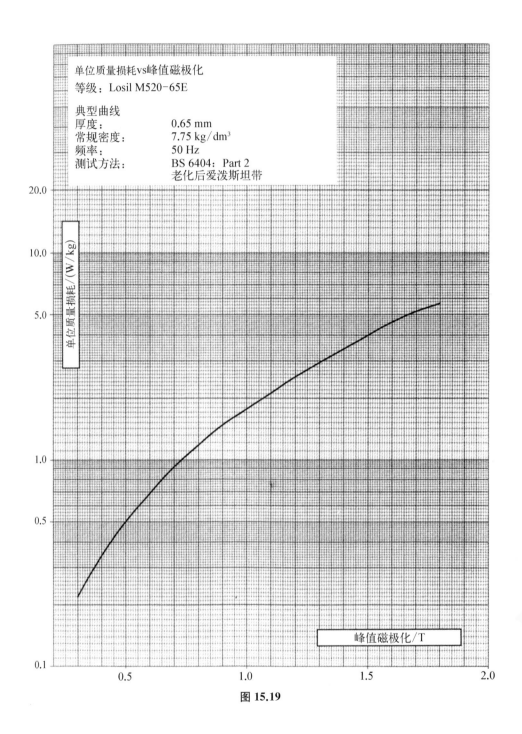

单位质量损耗vs峰值磁极化

等级：Losil M520-65E

典型曲线

厚度： 0.65 mm

常规密度： 7.75 kg/dm³

频率： 50 Hz

测试方法： BS 6404：Part 2

老化后爱泼斯坦带

峰值磁极化/T

图 15.19

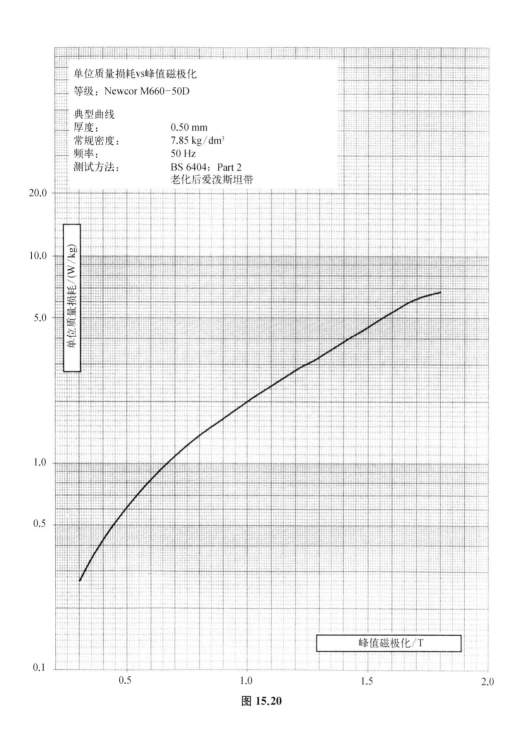

单位质量损耗vs峰值磁极化

等级：Newcor M660‑50D

典型曲线

厚度：	0.50 mm
常规密度：	7.85 kg／dm³
频率：	50 Hz
测试方法：	BS 6404：Part 2
	老化后爱泼斯坦带

单位质量损耗／(W／kg)

峰值磁极化／T

图 15.20

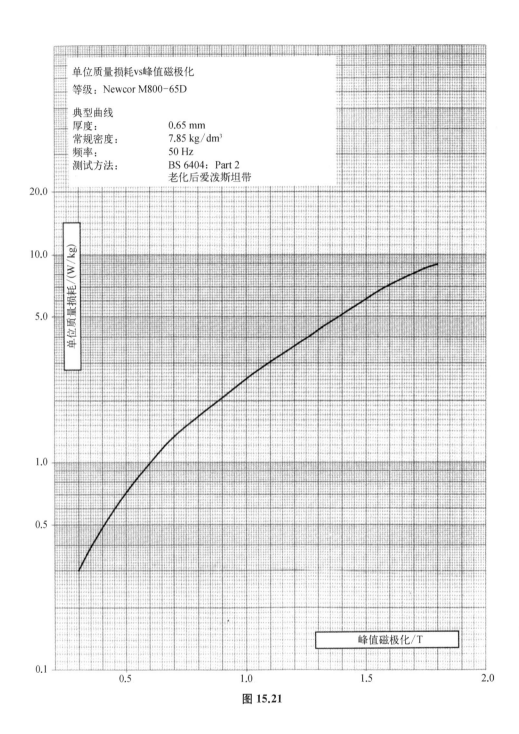

图 15.21

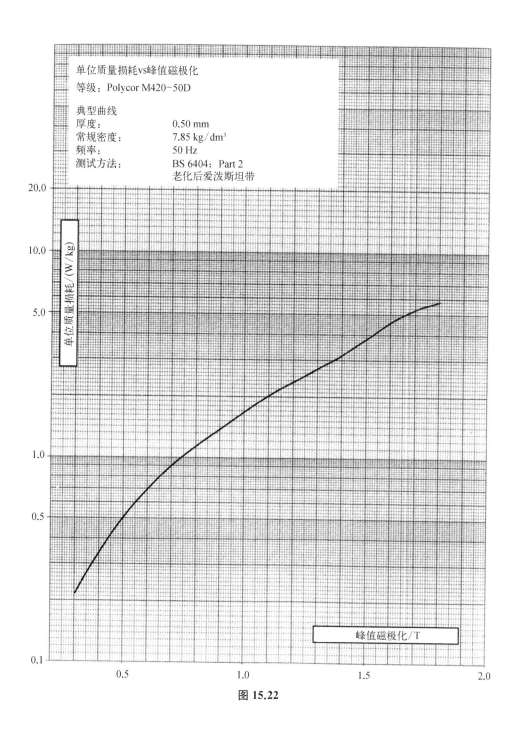

单位质量损耗vs峰值磁极化

等级：Polycor M420-50D

典型曲线
厚度：　　　　　　0.50 mm
常规密度：　　　　7.85 kg/dm³
频率：　　　　　　50 Hz
测试方法：　　　　BS 6404：Part 2
　　　　　　　　　老化后爱泼斯坦带

单位质量损耗/(W/kg)

峰值磁极化/T

图 15.22

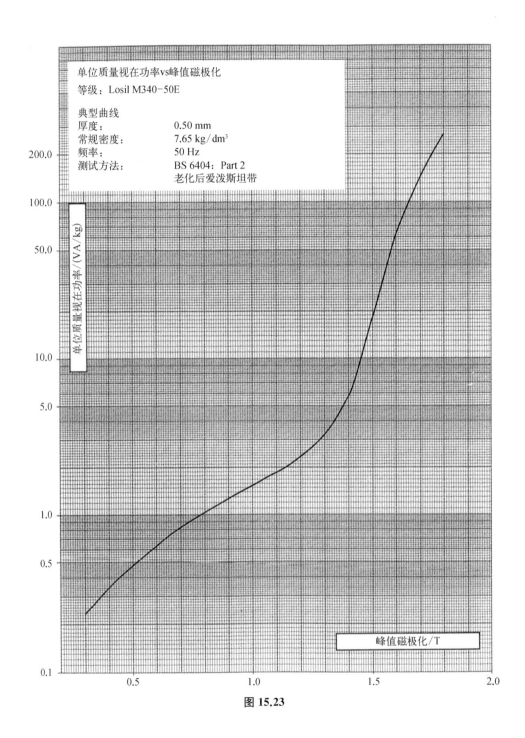

图 15.23

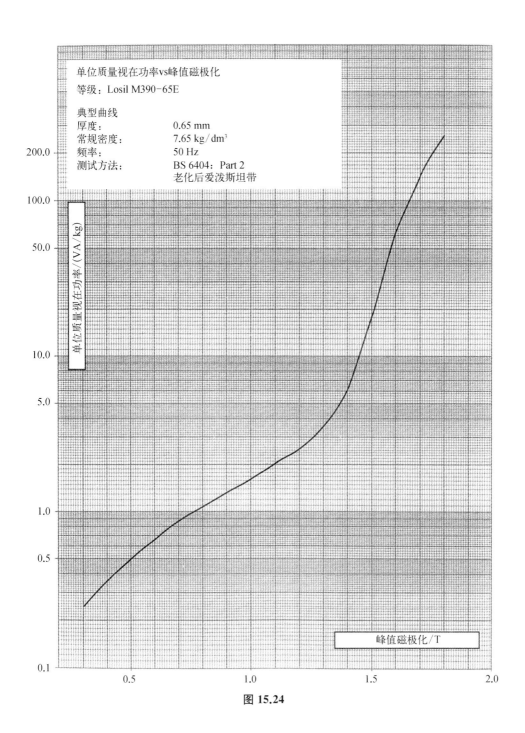

单位质量视在功率vs峰值磁极化

等级：Losil M390-65E

典型曲线

厚度：　　　　　0.65 mm

常规密度：　　　7.65 kg/dm³

频率：　　　　　50 Hz

测试方法：　　　BS 6404：Part 2

　　　　　　　　老化后爱泼斯坦带

单位质量视在功率/(VA/kg)

峰值磁极化/T

图 15.24

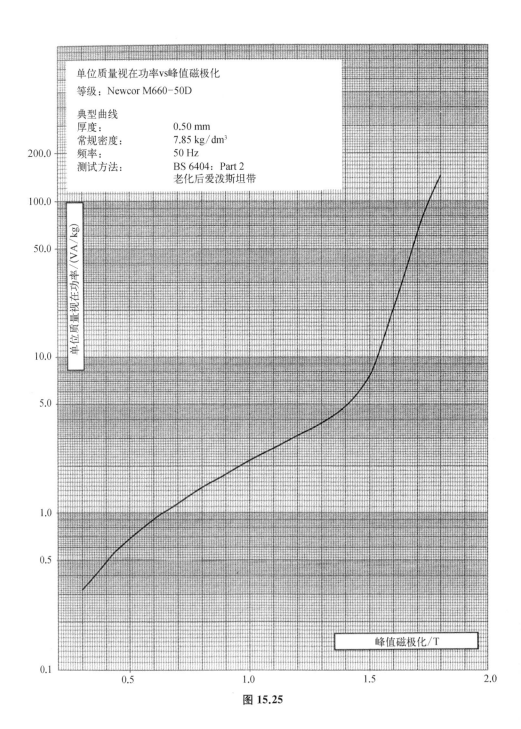

图 15.25

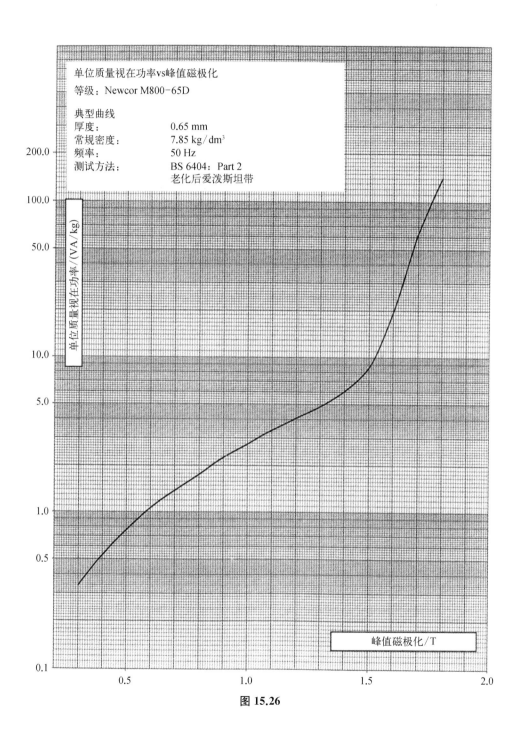

单位质量视在功率vs峰值磁极化

等级：Newcor M800-65D

典型曲线
厚度：　　　　　0.65 mm
常规密度：　　　7.85 kg／dm³
频率：　　　　　50 Hz
测试方法：　　　BS 6404：Part 2
　　　　　　　　老化后爱泼斯坦带

单位质量视在功率／（VA／kg）

峰值磁极化／T

图 15.26

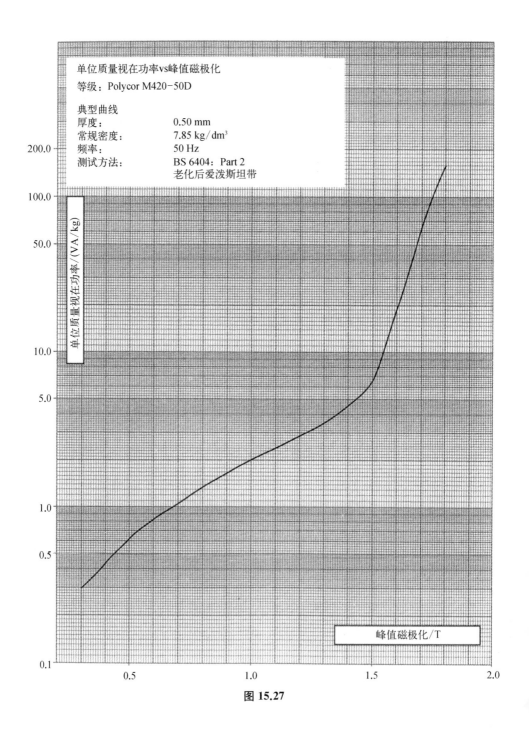

单位质量视在功率vs峰值磁极化

等级：Polycor M420-50D

典型曲线
厚度：　　　　　0.50 mm
常规密度：　　　7.85 kg/dm³
频率：　　　　　50 Hz
测试方法：　　　BS 6404：Part 2
　　　　　　　　老化后爱泼斯坦带

图 15.27

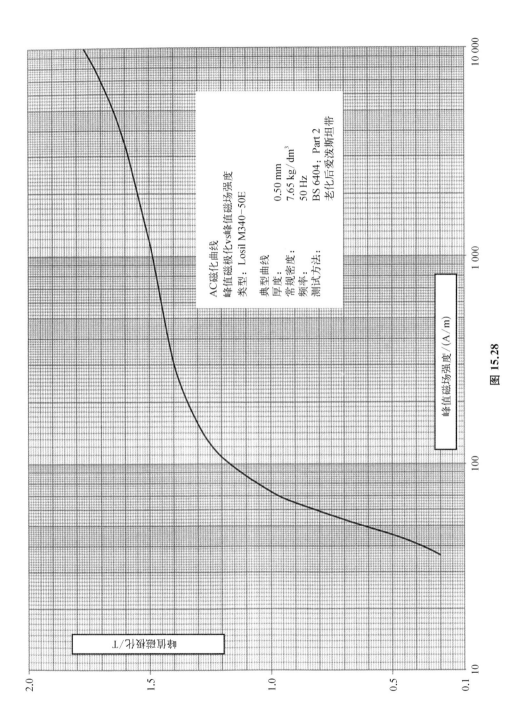

AC磁化曲线
峰值磁极化vs峰值磁场强度

类型：Losil M340-50E

典型曲线：
厚度：　　　0.50 mm
常规密度：　7.65 kg/dm³
频率：　　　50 Hz
测试方法：　BS 6404：Part 2
　　　　　　老化后发发斯坦带

峰值磁场强度/(A/m)

峰值磁极化/T

图 15.28

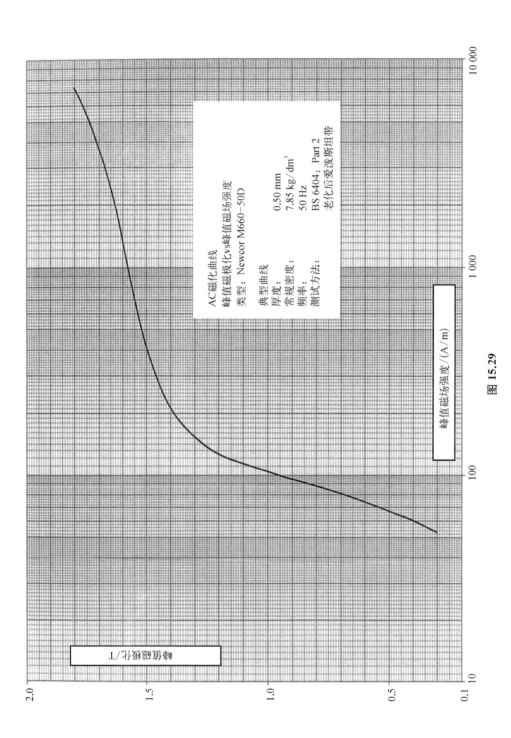

图 15.29

AC磁化曲线
峰值磁极化vs峰值磁场强度
类型：Newcor M660-50D

厚度：   0.50 mm
常规密度：   7.85 kg/dm³
频率：   50 Hz
测试方法：   BS 6404：Part 2
                老化后爱迭斯坦带

峰值磁极化/T

峰值磁场强度/(A/m)

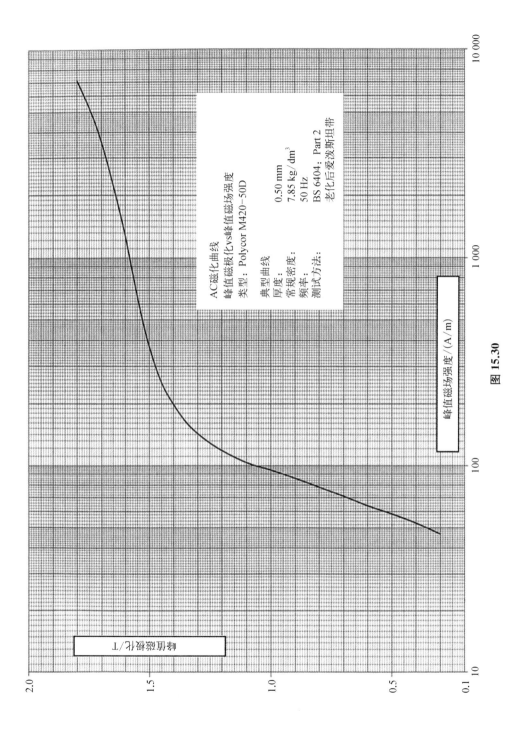

图 15.30

15.3　晶粒取向钢

单位质量损耗

爱泼斯坦测试

晶粒取向电工钢按照国际电工委员会出版物 IEC404 - 8 - 7,英国国家标准 BS6404 第 8.7 节和欧洲标准 EN 10107 的规格分级。按照此类标准,根据 IEC 404 - 2 及 BS 6404 第 2 篇中描述的 25 cm 爱泼斯坦方圈法进行单位质量损耗测量。

根据英国国家标准 601 制定的相当于"M"的等级现已失效,被 IEC/EN 所取代。最接近的等粒级仅供参考。

表 15.22

等　　级		厚度	50 Hz 下的单位质量损耗(W/kg)				$\hat{B}$ 在 $\hat{H}=$ 800 A/m,50 Hz 下的典型值
IEC404 BS6404	EN 10107		保证最大值		典型值		
		mm	$\hat{B}=1.5$ T	1.7 T	1.5 T	1.7 T	T
Unisil - H							
103 - 27 - P5	M103 - 27P	0.27	—	1.03	0.74	1.00	1.93
105 - 30 - P5	M105 - 30P	0.30	—	1.05	0.77	1.03	1.93
111 - 30 - P5	M111 - 30P	0.30	—	1.11	0.80	1.08	1.93
117 - 30 - P5	M117 - 30P	0.30	—	1.17	0.84	1.14	1.92
Unisil							
120 - 23 - S5	M120 - 23S	0.23	0.77	1.20	0.73	1.13	1.83
080 - 23 - N5	M080 - 23N	0.23	0.80	1.27	0.76	1.15	1.83
130 - 27 - S5	M130 - 27S	0.27	0.85	1.30	0.79	1.16	1.83
089 - 27 - N5	M089 - 27N	0.27	0.89	1.40	0.83	1.21	1.83
140 - 30 - S5	M140 - 30S	0.30	0.92	1.40	0.85	1.22	1.83
097 - 30 - N5	M097 - 30N	0.30	0.97	1.50	0.91	1.31	1.83
155 - 35 - S5	M150 - 35S	0.35	1.05	1.50	0.98	1.38	1.83
111 - 35 - N5	M111 - 35N	0.35	1.11	1.65	1.02	1.43	1.83
175 - 50 - N5*	M175 - 50N	0.50	1.75	—	1.35	1.92	1.82

宝珠电工钢目前正在开发 0.23 mm 高导磁晶粒取向硅钢和域控制的高磁导率晶粒取向硅钢。

* 备注:该等级并非 IEC、BS 和 EN 的参考标准等级。

表 15.23

旧指定类型	新指定类型 EN 10107 标准
27M0H	M103 - 27P
30M0H	M105 - 30P
30M1H	M111 - 30P
30M2H	M117 - 30P

备注：60 Hz 的数据见表 15.28。

表 15.24

旧指定类型	新指定类型 EN 10107 标准
23M3	M080 - 23N
27M3	M130 - 27S
27M4	M089 - 27N
30M5	M097 - 30N
35M6	M111 - 35N
50M7	M175 - 50N

单片测试

如果钢片在最终处理之后仍带有一定的内应力，晶粒取向电工钢的单位质量损耗会增加。可通过切变压器铁芯片消除应力退火。然而，现代 Unisil 和 Unisil - H 的生产流程和操控极大减少了产品的内应力。钢材料的损耗特性与其最佳潜在值极为接近，所以极少顾客要求对宽带材进行退火处理。

与根据经退火处理的爱泼斯坦钢片测量得出的单位质量损耗值相比，根据单片（在非应力消除退火条件进行测试）计量得出的损失可能与用户有更密切联系。因此，宝珠电工钢也在单片非消除应力退火状态下取样和测试 Unisil 和 Unisil - H 的所有线圈。

国际电工技术委员会（IEC）就单片被测试样功率损耗的测量方法进行激烈的争论。出版物 IEC 404 - 3(1922)（及相关技术文件 BS 6404：第 3 篇，1992）为单片测试的最新普遍共识。该方法采用 500 mm×500 mm 的试样。过去，人们一直认为单片测试系统的校准与爱泼斯坦方圈有直接关系。然而，如采用 IEC 测试系统，单片方法的功率损耗测量完全独立于爱泼斯坦方圈。因此，单片测试仪测得的结果与爱泼斯坦方圈的结果可存在 5％左右的差异。根据 IEC 404 - 31(1992)标准测得的典型功率损耗值见下表：

表 15.25　典型单片测试数据

等　级		厚　度	50 Hz 下的单位质量损耗（W/kg）典型值	
IEC404	EN 10107			
BS 6404		mm	$\hat{B}=1.5\ T$	1.7 T
Unisil - H				
103 - 27 - P5	M103 - 27P	0.27	0.77	1.06
105 - 30 - P5	M105 - 30P	0.30	0.80	1.09
111 - 30 - P5	M111 - 30P	0.30	0.84	1.15
117 - 30 - P5	M117 - 30P	0.30	0.88	1.21
Unisil				
120 - 23 - S5	M120 - 23S	0.23	0.76	1.20
080 - 23 - N5	M080 - 23N	0.23	0.79	1.22
130 - 27 - S5	M130 - 27S	0.27	0.82	1.23
089 - 27 - N5	M089 - 27N	0.27	0.87	1.28
140 - 30 - S5	M140 - 30S	0.30	0.89	1.30
097 - 30 - N5	M097 - 30N	0.30	0.95	1.39
155 - 35 - S5	M150 - 35S	0.35	1.02	1.46
111 - 35N5	M111 - 35N	0.35	1.06	1.52
175 - 50 - N5*	M175 - 50N	0.50	1.41	2.04

＊备注：该等级并非 IEC、BS 和 EN 的参考标准等级。

表 15.26　典型物理性质

	Unisil - H	Unisil
密度/(kg/dm³)	7.65	7.65
硅含量/%	2.90	3.10
电阻率/μΩcm	45	48
0.1% 试验应力,N/mm²(kg/mm²)		
与 RD 平行的轧制方向	300(30.6)	300(30.6)
与 RD 垂直的轧制方向	315(32.1)	308(3 1.4)
极限抗拉强度,N/mm²(kg/mm²)		
与轧制方向平行	325(33.1)	320(32.6)

（续表）

	Unisil - H	Unisil
与轧制方向垂直	385(39.2)	375(38.2)
80 mm 测量长度下的伸长度%		
与轧制方向平行	11	6
与轧制方向垂直	33	36
硬度,HV 2.5 kg	175	175
弯曲试验	>6	>6
叠片系数,%		
0.23 mm	N.A.	96.0
0.27 mm	96.0	96.0
0.30 mm	96.5	96.5
0.35 mm	N.A.	97.0
0.50 mm	N.A.	97.0

表 15.27　50 Hz 下的典型单位质量损耗数据(W/kg)

等级		50 Hz 下的单位质量损耗(W/kg)							
IEC404	EN 10107								
BS 6404	EN 10107	0.5	0.7	0.9	1.1	1.3	1.5	1.7	1.9
Unisil - H									
103 - 27 - P5	M103 - 27P	0.112	0.192	0.294	0.416	0.565	0.740	1.00	1.63
105 - 30 - P5	M105 - 30P	0.114	0.197	0.300	0.425	0.585	0.768	1.03	1.70
111 - 30 - P5	M111 - 30P	0.118	0.210	0.321	0.452	0.615	0.800	1.08	1.75
117 - 30 - P5	M117 - 30P	0.126	0.220	0.338	0.475	0.640	0.842	1.14	1.85
Unisil									
120 - 23 - S5	M120 - 23S		0.161	0.260	0.382	0.527	0.730	1.13	1.89
080 - 23 - N5	M080 - 23N		0.168	0.270	0.392	0.549	0.761	1.15	1.89
130 - 27 - S5	M130 - 27S		0.175	0.284	0.420	0.581	0.790	1.16	1.90

（续表）

等　级		50 Hz 下的单位质量损耗（W/kg）							
IEC404	EN 10107								
BS 6404	EN 10107	0.5	0.7	0.9	1.1	1.3	1.5	1.7	1.9
089 - 27 - N5	M089 - 27N	0.100	0.178	0.290	0.427	0.596	0.830	1.21	1.90
140 - 30 - S5	M140 - 30S	0.101	0.191	0.311	0.453	0.624	0.850	1.22	1.90
097 - 30 - N5	M097 - 30N	0.117	0.217	0.343	0.495	0.676	0.910	1.31	1.94
155 - 35 - S5	M150 - 35S	0.130	0.239	0.374	0.530	0.725	0.980	1.38	2.08
111 - 35 - N5	M111 - 35N	0.142	0.258	0.395	0.561	0.765	1.02	1.43	2.10
175 - 50 - N5	M175 - 50N	0.164	0.302	0.485	0.710	0.985	1.35	1.92	2.70

表 15.28　60 Hz 下的典型单位质量损耗数据（W/kg）

等　级		厚　度	60 Hz 下的单位质量损耗（W/kg）			
IEC404 BS 6404	EN 10107	mm	保证最大值		典型值	
			$\hat{B}=1.5$ T	1.7 T	1.5 T	1.7 T
Unisil - H						
103 - 27 - P5	M103 - 27P	0.27	—	1.35	0.97	1.30
105 - 30 - P5	M105 - 30P	0.30	—	1.38	1.00	1.35
111 - 30 - P5	M111 - 30P	0.30	—	1.46	1.05	1.41
117 - 30 - P5	M117 - 30P	0.30	—	1.54	1.10	1.49
Unisil						
120 - 23 - S5	M120 - 23S	0.23	1.01	1.57	0.95	1.48
080 - 23 - N5	M080 - 23N	0.23	1.06	1.65	0.99	1.50
130 - 27 - S5	M130 - 27S	0.27	1.12	1.68	1.03	1.51
089 - 27 - N5	M089 - 27N	0.27	1.17	1.85	1.08	1.57
140 - 30 - S5	M140 - 30S	0.30	1.21	1.83	1.10	1.60
097 - 30 - N5	M097 - 30N	0.30	1.28	1.98	1.18	1.70
155 - 35 - S5	M150 - 35S	0.35	1.38	1.98	1.30	1.81
111 - 35 - N5	M111 - 35N	0.35	1.46	2.18	1.33	1.86
175 - 50 - N5	M175 - 50N	0.50	2.27	—	1.89	2.65

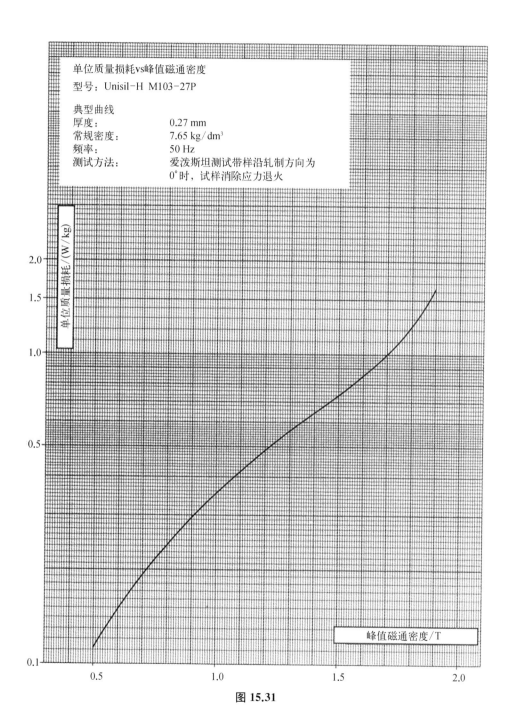

图 15.31

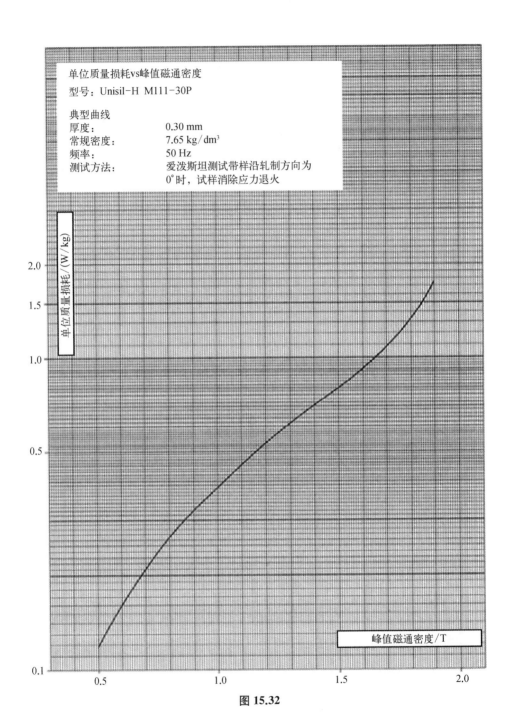

单位质量损耗vs峰值磁通密度
型号：Unisil-H M111-30P

典型曲线
厚度：   0.30 mm
常规密度：   7.65 kg/dm³
频率：   50 Hz
测试方法：   爱泼斯坦测试带样沿轧制方向为
                0°时，试样消除应力退火

单位质量损耗/(W/kg)

峰值磁通密度/T

图 15.32

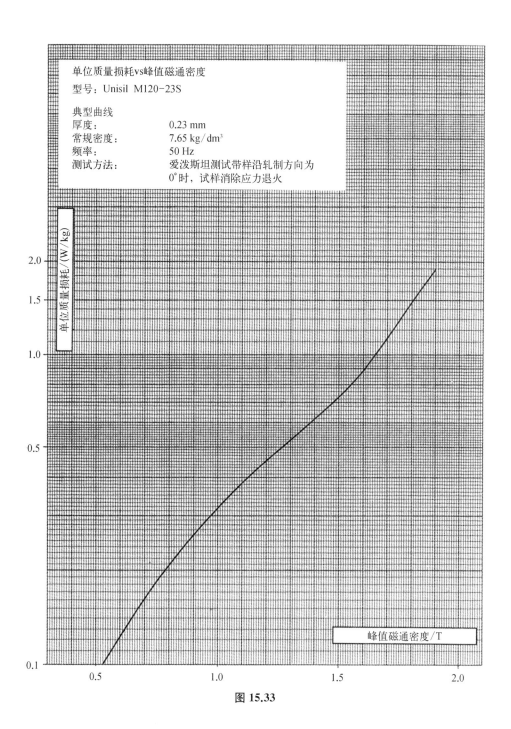

图 15.33

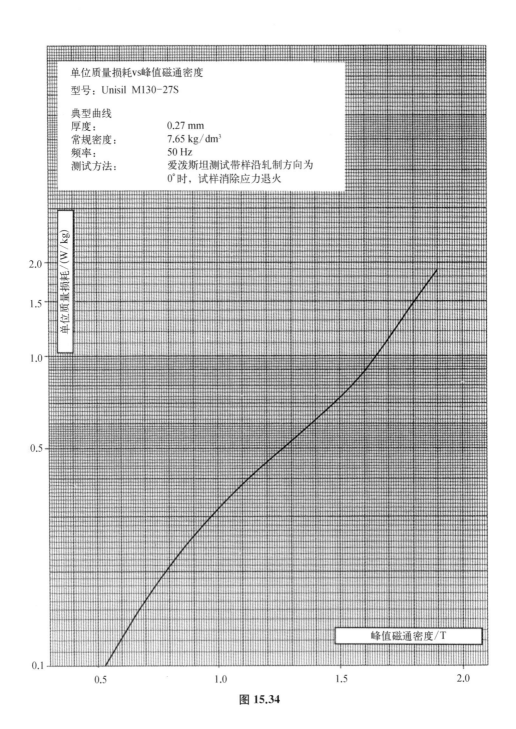

单位质量损耗vs峰值磁通密度
型号：Unisil M130-27S

典型曲线
厚度：　　　　0.27 mm
常规密度：　　7.65 kg/dm³
频率：　　　　50 Hz
测试方法：　　爱泼斯坦测试带样沿轧制方向为
　　　　　　　0°时，试样消除应力退火

单位质量损耗/(W/kg)

峰值磁通密度/T

图 15.34

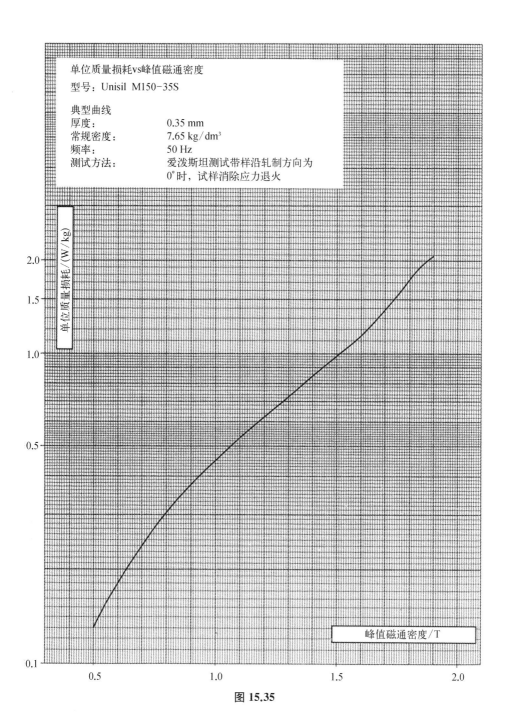

单位质量损耗vs峰值磁通密度
型号：Unisil M150-35S

典型曲线
厚度：　　　　0.35 mm
常规密度：　　7.65 kg/dm³
频率：　　　　50 Hz
测试方法：　　爱泼斯坦测试带样沿轧制方向为
　　　　　　　0°时，试样消除应力退火

单位质量损耗/(W/kg)

峰值磁通密度/T

图 15.35

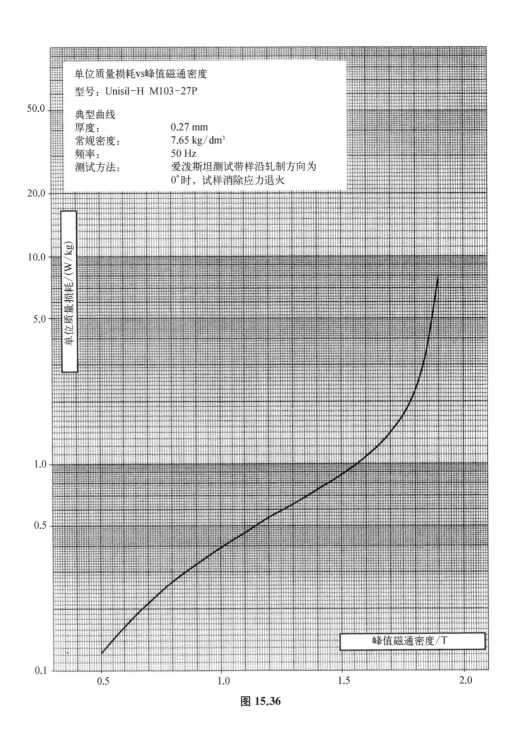

单位质量损耗vs峰值磁通密度
型号：Unisil-H M103-27P

典型曲线
厚度：　　　　　0.27 mm
常规密度：　　　7.65 kg/dm³
频率：　　　　　50 Hz
测试方法：　　　爱泼斯坦测试带样沿轧制方向为
　　　　　　　　0°时，试样消除应力退火

单位质量损耗/（W/kg）

峰值磁通密度/T

图 15.36

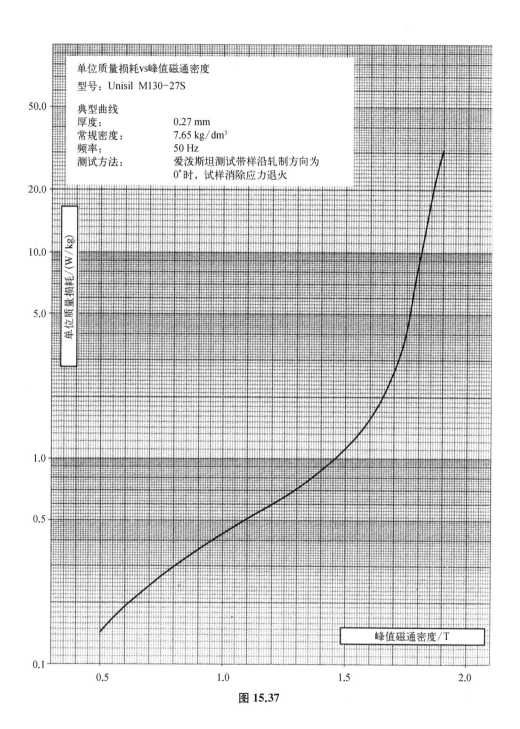

图 15.37

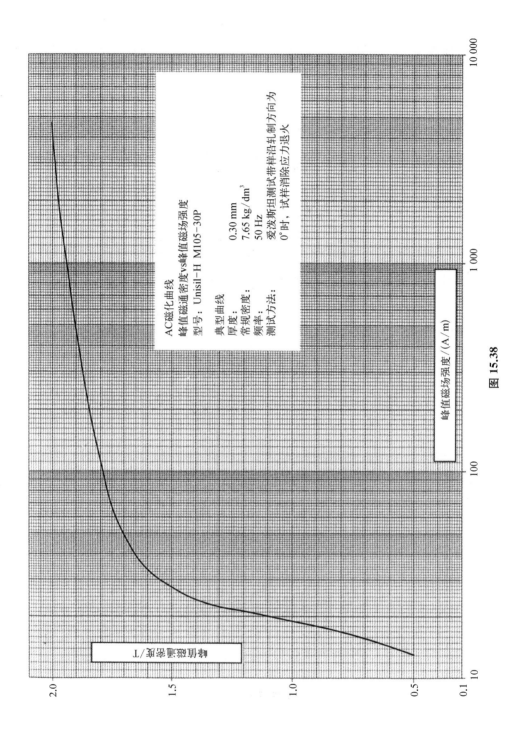

AC磁化曲线
峰值磁通密度vs峰值磁场强度

型号：Unisil-H M105-30P
典型曲线
厚度：0.30 mm
常规密度：7.65 kg/dm³
频率：50 Hz
测试方法：爱泼斯坦测试带样沿轧制方向为 0°时，试样消除应力退火

峰值磁场强度/(A/m)

峰值磁通密度/T

图 15.38

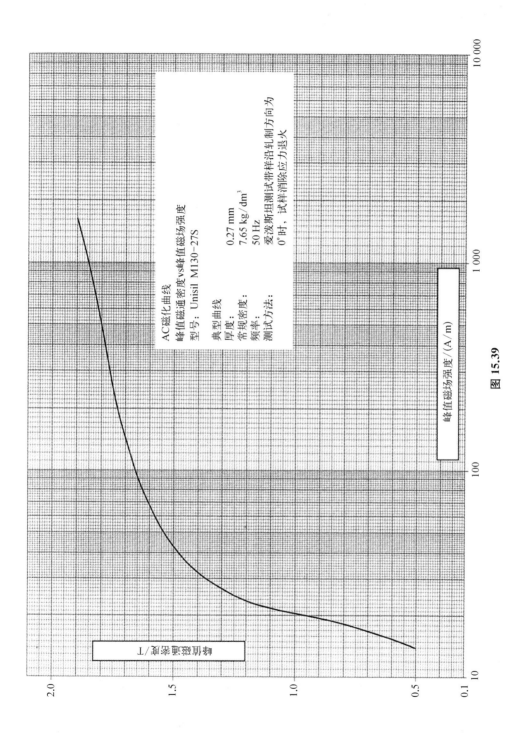

AC磁化曲线
峰值磁通密度 vs峰值磁场强度
型号：Unisil M130−27S

典型曲线：	
厚度：	0.27 mm
常规密度：	7.65 kg／dm³
频率：	50 Hz
测试方法：	爱泼斯坦测试带样沿轧制方向为
	0°时，试样消除应力退火

峰值磁场强度／（A／m）

峰值磁通密度／T

图 15.39

附件 术语解释

老化 钢材的特性、磁性或机械性能随着时间而逐步变化的过程。高温（如150℃）会加快老化。老化与固溶体中的渐进沉淀物（如碳化物和氮化物）有关。

安培(amp) 电流单位，为相邻载流导体之间的推力或银电解式电量计每秒释放 0.001 118 克银所需的电流。

各向异性 材料或磁场在不同方向上具有不同属性的性能。例如：晶粒取向电工钢在其轧制方向具有优良磁性。

抗老化剂 钢中的一些添加剂（例如钛），与溶液中的碳产生化学反应并抑制碳化物的产生。抗老化剂可能产生有害的副作用。

高压灭菌锅 在无氧环境中密封加热其他物质的烤炉或熔炉，例如，在环氧胶线圈绕组外维修电机。

平均值 属性的平均值，尤其从 dB/dt 信号的时间平均值可得出感应值峰值。

A 加权 在声学中，A 加权为宽频率声级的正常化修正，用于补偿人耳对不同音频的敏感度。

背铁 在马达或交流发电机中，定子线圈缠绕着"齿"部，作为机器的内面极。两"齿"之间的磁回路由铁外环（即背铁）构成。它可以形成一个深环，通过增加钢的使用量来减少环路中的磁阻和损耗。

冲击电流计 电脉冲通过电测仪表时，仪表内机电部件的响应速度可能比脉冲的速度慢。然而，可动部件吸收并将机械冲量转化为已知回复力的测量偏差。脉冲的响应标记为"冲击"。

B 线圈 是指包围磁性物质（或空气）的导体阵列，能够在其末端产生与时间成比例的电动势，即 $V_{out} \propto dB/dt$。通量测量系统包括 B 线圈（准确来说，是 dB/dt 线圈）。

β 射线 β 射线是某些同位素（如锶 90）核衰变时释放出的高速电子。β 射线的吸收已用作测量钢厚度的方法。

电桥法 电工钢电路的功率损耗可以表示为电路的等效电阻。磁导率表现为电感的持续水平。将钢样品接入桥接电路中,可建立确定电阻和电抗分量的平衡。第 10 章以 Hague 的著作为基础,论述了电桥法的相关内容。

碳黑　在氧气有限的情况下燃烧气体时,未反应的碳以碳黑形式存在。碳黑为有价值的工业产品,但备受冷落,因为它意味着退火流程操作设计不正确。

悬链式炉　为分股退火炉的一种,钢带挂于输入和输出辊之间的悬浮长链上。钢带穿过时,悬链的重量可产生轻微的拉伸力压扁钢带,因此无须正面张力作用。钢带的温度需足够高,以在滞留时间内产生所需的高蠕变速率来压扁钢带。

冷加工　通常是指一个轧制过程,意味着在低于再结晶的温度下,钢已经超出其弹性极限而产生永久变形的现象。

换向器　为电动机或发电机的一部分,可在转子线圈之间进行机转子转动的切换,以保证电流流过线圈的方向正确。在发电机中,它相当于一台机械整流器。

缓蚀剂　为加入冷轧润滑液的一种添加剂,以避免钢带在有限存储中提早生锈。缓蚀剂含有很多有机成分。在运输过程中,也可以用浸泡缓蚀剂的包装纸包裹钢材以保护钢材。

库仑　电量的单位。1 安培表示每秒通过导体的电量为 1 库仑($=6.25 \times 10^{18}$ 电子/秒)。

裂解　化合物(通常指气体或油)的热分解。

蠕变速率　热金属受压后会慢慢变形(蠕变)。蠕变速率是在给定温度和应力下,发生显著变形所需的时间。

凸厚　一般来说,经轧制的带材中间厚边缘薄。与中间部分相比,轧辊的端部不易变形。带材中心超出规定厚度的部分被称为凸厚。从边缘到中心逐渐变厚。现有许多轧制方法减少凸厚。

居里点温度　铁磁物质的磁性随着温度的升高而降低,最终消失,铁磁性消失时所对应的温度即为居里点温度。达到居里点温度时,热分解自发形成连贯的自旋排列。

客户退火　是指最终用户而非制造商对电工钢片进行任何形式的退火处理。一般用于钢材的最终成型,可以是脱碳、刺激临界晶粒生长或仅仅应力消除。

交交变频器　交交变频器为电力电子系统。在该系统中,以 50 Hz 或 60 Hz 的主电源频率供应能量,并以可变电压和(通常情况下)较高的频率向速控电机传输能量。采用多相半导体闸流管或整流半导体。

丹纳特板　是指励磁线圈中的铜板,与磁化的钢条平行放置。在作用场内,受楞次定律的影响,垂直于这些铜板表面的任何部件反而会引起铜内涡流的消除磁场(反向)运动。它们可以提高有效磁场的均匀性,并且可以使钢条在磁化仪中获得随之而来的磁化效应。

三角形/星形电路 在三相系统中,电源线和电机绕组可在 P_1、P_2 和 P_3 点形成三角形或星形电路。在三角形电路中,$P_1 - P_3$ 点的电压是星形电路 $P_1 - N$,$P_2 - N$ 或 $P_3 - N$ 电压的 $\sqrt{3}$ 倍。大型电机的启动程序会在星形/三角形电路间转换。$P_1 - P_2$ 或 $P_1 - N$ 等最终电路的电源电压会灵活处理整条街道的供电系统及其负荷。

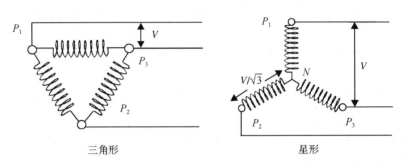

三角形　　　　　　　　　　　　　　星形

退磁系数 磁路横截面或导磁材料的突然变化会产生磁场,但该磁场与主流磁化方向相悖。例如:无限长的电磁棒没有消磁效果,而长电磁棒的末端仅产生小面积的消磁场。平板会产生强大的消磁场,并且很难被磁化。消磁系数表(及有关近似值)已相继出台。通过现代计算机的计算方式,很容易算出准确的近似解。

模具 有孔的金属块。打孔器在备好的金属板上截出模型。

所使用的材料为合金钢和硬质合金。

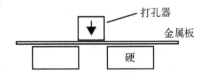

位错 金属由晶格结构规则的晶粒组成。晶格完整性出现瑕疵称为位错。位错由冷处理、辐射性损伤、外来原子等原因造成。在高温和重力的作用下,晶格间可能位错。消除大部分位错后方可进行退火处理。

动摩擦力 一旦两块相互接触的表面彼此之间发生位移,朝两个相反的方向滑动时,就会产生摩擦力。该摩擦力与两个接触面之间的压力成正比。两个接触面之间的相对运动会产生明显的静摩擦力。滑动摩擦力与静摩擦力的数值不同。经过自动处理的钢片相互接触时会产生较小的动摩擦力。反之,由多块平板组成的大型磁芯的稳定性往往取决于现存静摩擦力的最小值。

发电机 为直流发电机,其开关(换向器)的设置可以确保旋转线圈产生的电动势供应单向输出电流(也称为直流电)。

恩绍定理 该定理与静态平衡系统有关,指出点粒子集不能被稳定维持在稳定的结构中,除非移除某自由度。特殊的磁场设置,例如自动控制装置、磁场梯度控制以及超导体的设置已明显地有悖于恩绍定理。

涡流　时变磁场中存在导体时,随之产生的电动势会在导体内生成电流环。在大多数情况下,人们尝试各种方法减小涡流,例如变压器磁芯片层合或铜导体换位等应用。然而,在横向流加热器和涡流熔化中,经常会用到涡流。

切边　这是一种与顶部厚度截然不同的设计,旨在减少包金箔钢片边缘的厚度。当叠块包括围绕它们宽度的一些厚度变化值,承担多余的曲线形时,会产生不尽人意的效果。异型辊和热轧辊保持相对微小的交叉角度,投入使用时,可以有效地削减边缘的厚度。

放热型气体　当可燃气体在空气中燃烧时,不同的钢材退火处理会产生不同的燃烧产物。

空气/气体原料的作用,即在反应过程中释放热能量。

延展(回火处理)　钢带可进行轻孔型轧制处理,而后增加百分之几的长度。该处理可以增加钢带的物理硬度和临界晶粒数量,并为随后的退火处理做好准备。在小幅度的延展(如延展 8%)中,厚度值减少的百分比极为相似。

法拉　是电容器(冷凝器)装置中的电容单位。如果平行板电容器两极分别带有 1 C 的异号电荷,其两极板间电位差为 1 V,则其电容定义为 1 F,即 $Q=C/V$。其中,Q 表示电荷(单位库仑),V 表示电压,C 表示法拉容量。能量储存公式为 $E=1/2CV^2$,其中 E 表示能量,单位焦耳。

法拉第笼　法拉第笼是由相连导体形成的系统,用来屏蔽电磁场。

法拉第电磁感应定律　当导体系统的流量随时间变化时,该导体系统内感应电动势的表达公式为 $V=-\mathrm{d}\varphi/\mathrm{d}T$,其中 T 表示时间,φ 表示磁通量。负号表示楞次定律,即任何流入导体系统电流的磁场产生方向相反的电动势。

弗莱明左右手法则　这些法则被广泛应用在磁场、运动方向和电流方向的相互正交中。右手法则适用于电流生成,左手法则适用于电动机效应。

左　　手	右　　手
拇指——运动方向	拇指——运动方向
食指——磁场方向	食指——磁场方向
中指——电流方向	中指——电流方向

四端式电阻器　以观察电阻器内电压下降情况测量电流时，在电阻器两端附近输出和输入电流。但在远离电流供应点终端的位置测量更短的内向电压则较为困难。通过这种方法，可以避免靠近供电点的各种电流模式影响电压下降情况。

完全抛光　或加工后，在使用前，无需对钢进行进一步热处理。

γ射线　γ射线是指不稳定的同位素核衰变产生的短波长电磁辐射。γ射线广泛应用于穿透钢板，为厚度测量仪器提供测量基础。本文使用的典型同位素为镅241。

晶粒　金属会结晶成晶粒。每颗晶粒均由有序的原子晶格构成。由于晶粒会朝更有磁性和其他物理特性等部分方向发展，许多冶金操作会改变晶粒的大小、结构和方向。

H线圈　在磁测量中，施加场（H）的强度通常指导体系统产生的电流大小。但是，有时把小型无铁芯的线圈放到精确的磁场评估指定的位置，不失为一种相当便捷的方法。在交流系统中，H 线圈产生的电动势与 dH/dt 成比例，且两者结合发出 H 信号。然而，$\hat{H}$ 指 H 线圈输出电流的平均值，即 $\hat{H} \propto |\bar{V}|$。

亥姆霍兹线圈　亥姆霍兹线圈指一对线圈体系，其可感知空间可以远距离产生均匀磁场，并为人们的实验工作提供空间。

亨利　电感单位。1 H 的电感（指当电流流通时，导体系统周围磁场的形成）指 1 s 内电流平均变化 1 A 时，在电路内感应出 1 V 自感应电动势的电感量值：

$$V = -L \frac{dI}{dt}$$

式中，V 表示伏特；L 表示亨利；I 表示电流；t 表示时间。负号表示与楞次定律相符。

热轧带　热轧钢厂生产的热轧带钢不能通过进一步的热轧，只能通过冷轧使其变薄。

极间　当电流流过直流电动机的电枢时，产生的磁场会干扰定子磁场模式。某些电枢电流可以源源不断地向位于主定子磁极之间的额外定子磁极供应电枢电流，并抵消对定子磁场的干扰作用。另外，换向器电刷的位置可以改变，以保持低火花换向器。

焦耳 能量单位。$1\text{ J} = 1\text{ W} \cdot \text{s}$。

线圈两端头 为了防止特制钢线圈两端线圈的连接、轧制或产生其他的风险，人们有时会将长度不一的廉价钢材焊接到线圈两端，从而也节省了优质材料。

漏电感 当变压器中某一绕组上的一些电流变化产生的磁通未与第二绕组相连时，正如简单的感应器缺少二级链接一样。受这种影响，它可以充当变压器的初级绕组，并且其感应系数独立于二级绕组。这会导致较差的调节性，并且视具体的应用表现出有害性或有益性。

低合金 为制造出特殊效果，人们经常在电工钢中添加硅等其他元素。当需要保持钢材最高强磁场磁导率时，应适当减少添加合金成分。据估算，精益合金可能由铁与小于 0.2% 的添加元素炼制而成。

楞次定律 虽然楞次定律通常作为感应电流的标志，负号表达了能量守恒原理，如果导体切割磁力线产生的电流能增强导体的主运动能力，则违背了楞次定律。

利兹线（辫编线） 大多数情况下，趋肤效应使电流主要流通导体的表层，导致导体内部闲置。这样，导体的高频电阻会阻碍电流。由许多彼此绝缘的线股做成的导线中添加了铜，大大增强可导性。该种利兹线已投入到了赫兹运行的广泛应用当中。

流明 光通量单位。1 标准烛光光源可以发出 4π 流明的光。电光源效率表示每瓦特输入功率的流明量。

磁场 磁场指磁效应发生地。指南针指针的偏转、旋转线圈中电动势的产生等现象表明了磁场的存在。运动中的电子形成的磁场以电流或晶格电子旋转的形式出现。

相关的电荷周围存在磁场，但不易扩展，也不易保持磁场。

磁致伸缩 磁致伸缩是指铁磁物质磁化状态的改变所引起的线度变化。它可正可负，按照百万分之几的次序排列。磁致伸缩具有独立的磁化极性，发生频率为磁化频率的 2 倍。

中间值或平均数 B 或 H 线圈产生的电动势平均值与 B 或 H 的最大值成比例。

百万级数值单位 比例因子为 $\times 10^6$；例如 M、MPa（压力单位）等。

网格 详见三角形/星形电路。三角形电路通常被称为网格系统。

微应变 微应变指正常长度百万分之一的变化。长度相对变量包括磁致伸缩、热膨胀、压力下的弹性变形等其他变量。

磁动势 在应用中磁场强度 H（单位 A/m）会产生磁通密度 B，单位特斯拉。

mon "形状"单位，表示相邻区域间的长度差为 0.01%。

兆帕斯卡和兆帕　1帕斯卡的压力相当于每平方米一牛顿的力。帕斯卡是一个常用的小型单位。兆帕斯卡使用范围更广。

互感　如果两项电路彼此靠近,当其中一项电路改变电流时,在另一项电路中会产生电动势。第二项电路V中产生的电动势与第一项电路中的磁通变化率(指无铁芯系统中电流的变化率)成比例,即$V = -M\mathrm{d}I/\mathrm{d}t$。在这里,$M$的单位为亨利。

牛顿力　当用1N力去推一个质量为1kg的物体时,能让物体产生$1\,\mathrm{m/s^2}$的加速度。

牛顿与苹果的故事　相传,牛顿看到苹果从树上坠落,由此引发了重力存在的思考。他推测为什么苹果会运动,假设有力导致了苹果的运动。像磁力一样,重力的施力来源一直不清楚。我们可以注意到,一个0.1kg(大约1/4磅)重的小苹果放在手上可以产生1N的重力(在地球上)。

负反馈　在任何期望结果与实际结果对比的过程中,误差会及时得以反馈,从而可以减小其不利影响。在放大镜下,磁化的正弦波形明显地作用于磁性材料。在这种情况下,磁性材料经常需要在指定的正弦曲线下进行测试。该项负反馈的应用不仅减弱系统的增益,而且,如果过度使用还会增加不稳定风险。然而,计算机控制的数字反馈方法和波形控制为可控的波形校正放大镜的应用提供了广阔的前景。负反馈的应用涵盖了放大镜的内部非线性特性,并且降低了成本,可谓明智之举。

欧姆　欧姆为电阻单位。欧姆定律指出:当1A电流流经$1\,\Omega$电阻时,会产生1V电压降。欧姆指长度为106.3cm、横截面为$1\,\mathrm{mm^2}$的汞柱在0℃时承受的电阻。现代定义更倾向于绝对的测量方法。另外,欧姆也常用为交流电路中电抗和全电阻的测量单位。尽管电抗和全电阻包含了电抗性和抵抗性的混合成分,但是欧姆可以作为电压电流比的单位。

帕斯卡　详见兆帕斯卡和兆帕。

路径长度　由不均匀成分构成的磁路,例如钢条和可能加入相同长度钢材的闭合磁通轭,人们可能很难确定其功率损耗测量。磁通路径随磁化样品的强度和其对空气间隙反映情况的变化而变化。通过赋予测量系统特定的几何图形以"合适的"数值,人们正努力规范路径长度。

峰值　这是交流分量的最大值。正弦电流或电压的最大值为RMS(均方根)的1.414倍,即

$$\hat{V} = \sqrt{2}\,\tilde{V},在此\ \hat{V} = V_{\mathrm{peak}},\tilde{V} = V_{\mathrm{RMS}},1.414 = \sqrt{2}$$

此外,正弦曲线的平均值与均方根值有关,所以

均方根/平均值＝1.111,平均值＝均方根/1.111＝均方根×0.9

所以

$$\tilde{V}＝均方根×1.414, \, |\bar{V}|＝均方根×0.9$$

永磁体　磁体的内部磁畴结构排列得井井有条,因此在缺少外部磁力的情况下,磁体外仍可以产生相当大的磁场。为了保持"永久"磁性,磁体应具有一定程度的抗震和抗适度消磁场的能力。

磷化膜　晶粒取向钢经过高温退火后会产生一层硅酸盐玻璃涂层。通常,为了增强伸展性或其他性能,需要在硅酸盐玻璃涂层上补充一层额外的磷酸(添加其他的专有混合物)涂层。预计需要采取高温处理的无取向钢也需要添加一层磷酸盐涂层。该涂层隔离保护效果好,但是会磨损冲压工具。

压电　当某些晶体在特定的方向下受压时,会在其表面形成电荷。这些电荷与压力值有关,并且可通过测量得出具体数值。为了方便磁致伸缩测量、留声机留声以及麦克风的使用,这种压电晶体被合成加速器。使用的材料还包括钛酸钡和石英等。

功率因数　当电力负荷带有单纯的电阻性时,其能量消耗遵循 $V×I$ 的比率,这里 V 表示电压输入,I 表示电流输入。当用交流电供应电荷时,并且包含电抗部分(例如电感和电容)时,$V×I$ 的乘积会大大超过电荷的实际能量损耗。纯电容将"举借"和偿还供应线上的能源,并且保证每条供应循环线均没有实际能源损耗,但供电线上的电流输出和输入量可能相当巨大。

通常,变压器、电感、感应电机以及相关设备以低于 1.0(纯电阻以 1.0 的功率因子运转,理想的电容或电感以 0 的功率因子运转)的功率因子运转。因为供电安排不得不与每条供电循环线上的借入和偿还能量流量以及与实际损耗热量、机械力等涉及的实用电流量相符,低功率因子亟须改善。为了提高功率因子,人们正在尝试各种方法,特别是将感应负荷与电容器并联使用。

VAs(电压-电流产品)设备评级显示了可能输入的电流量,但不能显示出可能消耗的功率。因为功率可能会大幅度降低。此外,如果按照低功率因数运转,较之以 W/V 作为单位的设备,将 W 作为单位的设备将可以输入更高的电流量。

功率因数可被视为有用功率或耗散功率与 $V×I$ 乘积的视在功率之比。

在供应系统中,低于 0.7 的功率因子值是不可取的,0.95 及以上的功率因子值较为理想。

功率因数＝ $\cos\theta$,在这里 θ 指电压与电流之间所成的夹角。当 $\theta＝0$ 时, $\cos\theta＝1.0$。

冲压/模具　详见模具。

Q　*Q* 是电路或系统的品质因数。通常由振动系统每个运行周期的所耗能量比来表示。如果系统损耗高,*Q* 值必须维持在低水平。高 *Q* 值的共振系统表现出尖高电压或运动峰值。

高 *Q* 值的机械系统一般采用钟表。低 *Q* 值系统为铅片。降低 *Q* 值会产生断续的沉闷撞击声。需注意的是,冷却铅片至液氮温度会产生悦耳的振铃声,直到完全预热。

RCP,Rogowski - Chattock 电位器,用于检测磁电势差的装置。可用于设计产生均匀磁化区域的励磁系统进行测量。所涉及的规定可参见 W. Rogowski 和 W. Steinhaus 所著的《Archiv für Elektrotechnik》第 141～151 页。

调整率　电源系统为额定电压 *V* 时,负载电流将降低输出电压。其降低程度称为调整率。保持 98% 额定电压的电源在全满载电流下默认为具备 2% 的调整率(非常好),额定电压降至 70% 的电源质量欠佳。就像打开生活中的水龙头,供给水压在水流出时经常急剧下降。

RMS　通常是电压或电流的均方根值,表示电源有效值或产热质量;可见峰值和平均值。

10Q 电阻负载下,100 V、10 A **直流电源**的传送功率为 1 000 W(1 kW)。连接交流电源至相同负载,电压可能在 141.4 V 和 -141.4 V 之间交替,但所产生的热输出与 100 V 的直流电源相同。因此,交流电源的申报有效价值为 100 V。

注意:$100 \times \sqrt{2} = 141.4$

轧制方向　在轧制操作中通过滚动扁薄带,在热轧机和冷轧机上轧制钢带。钢带的宽度基本上保持相同,其厚度减小,长度增加。长度增加的方向被称为"轧制方向",此方向经常作为磁性能方向变化的参考方向。

饱和　在铁磁材料施加渐增的励磁场,材料的磁化强度剧增后变缓慢,直到区域重排和矢量旋转完成。此最终的状态称为磁饱和状态。当金属处于最终饱和的几个百分比时,视为达到"工艺饱和"。

滚动切割　切割制出波状边缘,可减少圆叠片冲压的浪费。

半工艺　一些电工钢交货时具备满磁势,但有些钢交货时则有状态要求,且最好以采用英国/美国的方法进行冲压,但需要最终热处理来开发最佳的磁特性。这种钢被称为半工艺或半加工钢。

罩极　如果低电阻的铜或铝环放在一批钢叠片周围,在通量过程中,流入"罩环"的涡电流的相对效果可延迟芯,该相对效果是楞次定律的反应。磁化的相位延迟可结合芯的非罩延时通量,用于帮助小型电机建立旋转磁场。

形状　带钢轧制过程中结合诸多工艺,轧制出比参照钢丝更长的钢带。此钢带的边缘比其中心更短;反之亦然。因此,中心丝较长的钢带据说有"松散中心"和

"紧致边缘"。中心丝较短的钢带将具备波浪形边缘,可采用一种复杂的系统来评估和控制这些形状表征以保持轧制过程中的加工效率和便利性(见 mon)。

硅酸盐玻璃　在晶粒取向钢的氧化镁涂层与钢中的硅含量反应,生成镁硅酸盐"玻璃"涂层(实际上由微小晶体构成)。

趋肤效应　见利兹线。

滑差　感应电动机向负载输出功率时,电机转子转速和由定子极数产生的旋转磁场之间存在微小的差异。此类差异被称为"滑差",并且为工作范围内的百分之几水平。无负载时,滑差将降低至极小的量,以至于机器的损耗能够在有限的范围内被抵消。滑差的增长将带动功率的增长。

切割　电工钢带不宜过宽(如 1 m 宽),否则无法适应冲压和钻心型机。切割操作会将宽线圈切割成窄条。圆形分切刀在通电或断电的情况下(通过切条机)向钢带提供材料,进而切割成窄块的钢带与窄线圈绕在一起。

可使用钢刀片进行切割,但碳化钨类是首选。切条机的安装和操作极为复杂,请格外小心,且需注意生产高质量无毛刺钢带的过程。可用计算机方法来计算刀片安装的组件,并优化宽度,可从宽钢带内截取,将废品损失降至最低。

矩形　排列在高效磁路的高磁化率钢片可将高分比的 $-B_{sat}$ 转化成 $+B_{sat}$ 磁通,仅需很小的磁动势。有关的 B - H 环路有近似垂直部分和高方侧翼,矩形的各个数值表达式均可使用,此属性对于脉冲变压器的设计非常重要。

"鼠笼"　需不时监控应用于单链退火炉和准分批准进炉的条件。使用尾热电偶是非常危险和浪费的行为。已开发设备,其中包含数据记录的重绝缘箱通过与短热电偶相连接的火炉,短热电偶用于监测箱中环境。这样的装置被称为"积存",其外观和时间-高温耐力可根据不同要求设计(注意油管道中"金属锭"的使用。具体类型详见第 4 章)。

星形电路/三角形电路　详见三角形电路和网格。

静摩擦力　详见动摩擦力。

超导性　某些金属和化合物在低温下将具有零电阻特性,这种效应被称为超导性。电流有一定的限度,当结果磁场降低可维持超导性的最高温度时,输入该电流。

平整轧制　详见"延展"定义。晶粒成长和除碳退火后,对钢带进行光冷轧操作。

特斯拉　磁通量密度单位,详见韦伯。

时间常数　若以与未完成程序总额成比例的速率操作程序时,例如电容器通过电阻器放电的量,则该指数型程序在形式和理论上均未完成。若放电的初始速度不变,则会在被称为时间常数的时间段后清空电容器。控制指数乘以电容系统

CR 与电感 L/R。单位是 H、F 和 Ω/s。

转矩 转矩指电机轴产生回转力,或者施加至发电机的力,并且等于力(N)×应用物的半径(m)的乘积。转矩引述成 N·m。

通用电机 绕线式电枢转换器,可按照交流或直流电可接受的效率运转。通常为系列操作型,用于真空吸尘器、食品搅拌机等。

真空脱气 真空脱气是炼钢的过程之一,炼钢时金属被暴露于真空中,可注入氧气或惰性气体鼓泡,以去除碳元素。通过此方法可获得高质量的钢材料(无杂质)。

虚拟仪器 为计算机而调整的仪器,通过调整使其能够模拟数显电压表及其他仪器的功能。通过改变软件,即可立即改变仪器类型。

伏特 电势差单位。如果 1 C 的电量通过 1 V 的电势差,则消耗 1 J 的工作量。一个韦斯顿标准电池的电压接近 1.018 8 V。

瓦特 功率单位(做功的速率)。1 W＝1 J/s,或 1 A/1 V。备注：$W＝V×I＝I^2R＝V^2/R$。

功率表 用于指示电路中功率功耗速率的装置。旨在指示真正的功率,即 $V×I\cos\theta$,而不是简单的 $V×I$。应用于磁性材料的测试。

韦伯 磁通量单位。如果闭合回路中所包含的磁通以 1 Wb/s 的速率变化,则会在该电路中产生 1 V 的电压。备注：因特拉斯是磁通量密度单位,所以如果磁化强度密度为 1 T,则 1 m^2 包含 1 Wb 的磁通量,即 Wb＝T·A。

磁轭 磁路内含有大的空气间隙,则铁磁磁轭可填补间隙并使电路具有更高的磁性。

杨氏模量(E) 材料在应力下的变形指标。通常它被引述成压力比/张力比：应力＝力/面积＝F/A,张力＝长度变化/长度＝$\Delta l/l$,所以 $E＝Fl/A\Delta l$。

附录 换算系数

T,其他单位   1 Gs$=10^{-4}$ T

        1 kGs$=10^{-1}$ T

A/m,其他单位   1 Oe$=79.58$ A/m

kW(1 000 W)   1 HP$=0.746$ kW

W/kg   1 W/kg$=0.453\,6$ W/lb

Wb   1 Wb/m^2$=1$ T

n/cm^2$=$Gs$=10^{-4}$ T

n/in^2(美国单位)$=0.155\,5$ n/cm^2

备注:在相关永磁体方面的工作中以及永磁运转及在美国的大量实践中仍以 Gs 和 Oe 为单位。在 Gs/Oe 系统中,自由空间的磁导率是 1.0,而在 T,A/M 系统中的自由空间磁导率是 $4\pi\times10^{-7}$。

in^2(美国单位)$=$cm$^2\times0.155$

cm^2$=$in$^2\times6.451\,6$

1 in$=2.54$ cm

1 m$=39.37$ in

1 kg$=2.204\,6$ lb

1 lb$=0.453\,59$ kg

1 lb/in^2$=6.895$ kPa

1 t/in^2$=15.44$ Mpa

低合金钢密度$=7.86$ g/cm^3

附录　常用公式

>>>

$$| \bar{V} | = 4\hat{B}nfA \qquad \text{变压器方程式}$$

$$\tilde{V} = 4.44\hat{B}nfA \qquad \text{变压器方程式}$$

$$V_{PK} = V_{RMS} \times 1.414$$

$$V = IR \qquad \text{欧姆定律}$$

$$W = I^2R = V^2/R = V \times I \qquad \text{功率方程式}$$

$$X_L = \omega L, \omega = 2\pi f \qquad \text{电感电抗}$$

$$X_C = 1/\omega C \qquad \text{电容电抗}$$

$$Z = \sqrt{R^2 + X_C^2 + X_L^2} \qquad \text{阻抗}$$

$$PF = watts/(VA), PF = V \times I \cos\theta$$

$$V_{ph-ph} = V_{ph-N} \times \sqrt{3}$$

$$I = dQ/dt$$

时间常数 $= CR$ 或 L/R

并联电阻 $1/R_{Tot} = 1/R_1 + 1/R_2 + \cdots\cdots$

串联电阻 $R_{Tot} = R_1 + R_2 + R_3 + \cdots\cdots$

串联电感 $L_{Tot} = L_1 + L_2 + L_3 + \cdots\cdots$

并联电感 $1/L_{Tot} = 1/L_1 + 1/L_2 + 1/L_3 + \cdots\cdots$

串联电容 $1/C_{Tot} = 1/C_1 + 1/C_2 + 1/C_3 + \cdots\cdots$

并联电容 $C_{Tot} = C_1 + C_2 + C_3 + \cdots\cdots$ 电容电抗 $= 1/(\omega C)$

电感电抗 $= \omega L$

磁铁间的力 $\propto B^2 A$

陡化感应 $\hat{B} = |\bar{V}|/(4nfa)$

变压器方程式使用模型：$\tilde{V} = 4.44\hat{B}nfA$。

鉴于截面的中心为 0.01 m^2 和在 B 点运行的操作频率为 50 Hz，$\hat{B} = 1.5$ T，所以通过以下方程式计算每匝所产生的电压：

$$\tilde{V} = 4.44 \times 1.5 \times 1 \times 50 \times 0.01 = 3.33 \text{ 伏特}$$

　　备注：若叠片系数可以小于 1，如 0.97，则必须对结果进行调整。如果 1.5 T 适用于芯的横截面，则包括"机体"中的有效感应将为 $(1.5/0.97)\text{T}=1.546\text{ T}$。

　　平均电压和峰值感应关系的推导：

$$|\bar{V}|=4fNA\hat{B}，且\ e=\frac{\mathrm{d}\Phi}{\mathrm{d}t}=NA\frac{\mathrm{d}B}{\mathrm{d}t}$$

则

$$e\,\mathrm{d}t=NA\,\mathrm{d}B$$

代入公式

$$\int e\,\mathrm{d}t=NA\int_{-\hat{B}}^{+\hat{B}}\mathrm{d}B=2NA\hat{B}$$

但是 $\bar{V}=\int\dfrac{e\,\mathrm{d}t}{T/2}$，$T=\dfrac{1}{f}$，$\dfrac{T}{2}=\dfrac{1}{2f}$，因为

$$\int e\,\mathrm{d}t=2NA\hat{B}$$

$$\bar{V}=\int e\,\mathrm{d}t\cdot 2f$$

$$\bar{V}=2NA\hat{B}\cdot 2f$$

$$=4NAf\hat{B}$$

其中，V 的单位为 V，B 的单位为 T，f 的单位为 Hz，A 的单位为 m^2。

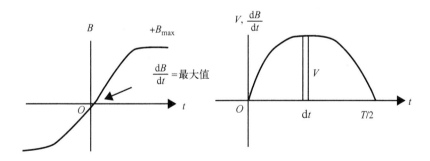

附录 符号表

ω	$2\pi f$
μ	磁导率,T/A/m
μ_0	自由空间的磁导率,$4\pi\times10^{-7}$
μ_r	相对磁导率 μ/μ_0
μ_{max}	最大磁导率,T/A/m
μ_i	初磁导率,T/A/m
Φ	磁通量,Wb
ρ	电阻率,Ωm
A	面积,m^2(有时为 a)
B	感应,T
$\hat{B}$	陡化感应,T
B_{rem}	剩余磁性,T
B_{sat}	饱和感应,T
C	容量,F
f	频率,Hz
H	外加场,A/m
$\hat{H}$	陡化外加场,A/m
H_C	矫顽力,A/m
I	电流,安培数
J	固有磁化($B-H$),T
J_{sat}	饱和固有磁化,T
L	电感,H
n	绕组匝数(有时为 N)
R	电阻,Ω
t	时间,有时为 T
V	电压,V

$\bar{V}$	平均电压,V
$|\bar{V}|$	平均整流电压,V
$\tilde{V}$	均方值(有效)电压,V
$\hat{V}$	峰值电压,V
W	功率,W
X_{C}	电容性电抗,Ω
X_{L}	电感电抗,Ω

参考文献

>>>

[1] BAILEY, A. R.: 'A textbook of metallurgy' (Macmillan, London, 1961).

[2] BOZORTH, R. M.: 'Ferromagnetism' (Van Nostrand, first edn 1951).

[3] BRAILSFORD, F.: 'Physical principles of magnetism' (Van Nostrand, 1966).

[4] CONNELLY, F. C.: 'Transformers' (Pitman, London, first edn 1950).

[5] COTTON, H.: 'Applied electricity' (Cleaver Hume 1951). Various books by Cotton cover the subject in greater depth.

[6] DUFFIN, W. J.: 'Electricity and magnetism' (McGraw-Hill, 1990).

[7] GOLDING, E. W.: 'Electrical measurements and measuring instruments' (Pitman, London, 1949).

[8] HEATHCOTE, M.: 'J and P transformer book' (Newnes, Oxford, 1998).

[9] JILES, D.: 'Magnetism and magnetic materials' (Chapman & Hall, New York, London, 1991).

[10] KARSAI, K., KERENYI, D. and KISS, L.: 'Large power transformers' (Elsevier, Amsterdam, 1987).

[11] KAY, G. W. C. and LABY, T. H.: 'Physical and chemical constants' (Longmans, London). Many revisions; an old edition and an up-to-date edition complement each other.

[12] McGANNON, H. E. (Ed.): 'The making, shaping and heat treatment of steel' (US Steel, first edn 1964).

索 引